职业技术·职业资格培训教材

西式面点师

Xishi Miandianshi

编审委员会

主　任　朱念琳

副主任　史见孟　张九魁　俞学峰　常　明　黄海瑚　易明梅

委　员　张　帅　姜晓敏　金四云　干文华　曹继桐　王吉松　黎国雄
叶　卫　赵吉军　赵志权　张永亮　季寅君　张　伟　江　伟
张志豪　李凌云　唐树松

编审人员

主　编　史见孟

副主编　张　帅　干文华　张永亮

编　者　陈　珺　周延河　何年英　宋伟泉　吴周成　陈仙川　杨玉凯
沈　华　马国兴　杜军海　郁　慧

主　审　易明梅　俞嘉毅

中国劳动社会保障出版社

图书在版编目（CIP）数据

西式面点师：五级 / 人力资源社会保障部教材办公室等组织编写 . -- 3 版 . -- 北京：中国劳动社会保障出版社，2019

1+X 职业技术 · 职业资格培训教材

ISBN 978-7-5167-4188-7

Ⅰ. ①西… Ⅱ. ①人… Ⅲ. ①西点 - 制作 - 职业培训 - 教材 Ⅳ. ①TS213.23

中国版本图书馆 CIP 数据核字（2019）第 246784 号

中国劳动社会保障出版社出版发行

（北京市惠新东街 1 号 邮政编码：100029）

*

保定市中画美凯印刷有限公司印刷装订 新华书店经销

787 毫米 × 1092 毫米 16 开本 17.75 印张 335 千字

2019 年 11 月第 3 版 2024 年 12 月第 4 次印刷

定价：68.00 元

营销中心电话：400-606-6496

出版社网址：http://www.class.com.cn

内容简介

本教材由人力资源社会保障部教材办公室、中国就业培训技术指导中心上海分中心、上海市职业技能鉴定中心依据上海西式面点师（五级）职业技能鉴定细目组织编写。教材从强化培养操作技能，掌握实用技术的角度出发，较好地体现了当前最新的实用知识与操作技术，对于提高从业人员基本素质，掌握西式面点师核心知识与技能有直接的帮助和指导作用。

本教材在编写中根据本职业的工作特点，以能力培养为根本出发点，采用模块化的编写方式。全书共分为3篇。第一篇为理论篇，内容包括西式面点基础知识、食品营养与食品安全、西式面点常用原材料、西式面点常用设备和工器具、西式面点相关知识等。第二篇为实务篇，内容包括混酥类糕点制作、混酥类饼干制作、面包制作、蛋糕制作、果冻制作等。第三篇为拓展篇，内容包括混酥类糕点制作、混酥类饼干制作、面包制作、蛋糕制作、果冻制作等。

本教材可作为西式面点师（五级）的技能培训与鉴定考核教材，也可供全国中高等职业技术院校相关专业师生参考使用，以及相关职业从业人员培训使用。

改版说明

《1+X 职业技术 · 职业资格培训教材——西式面点师（五级）第 2 版》自 2013 年出版以来，受到广大学员和从业者的欢迎，在西式面点师职业技能培训和职业资格鉴定过程中发挥了巨大作用。随着行业的迅速发展，西式面点师需要掌握的职业技能有了新的要求，职业技能培训和资格鉴定考试的理论及技能操作题库也进行了相应的提升。因此，人力资源社会保障部教材办公室、中国就业培训技术指导中心上海分中心、上海市职业技能鉴定中心组织相关方面的专家和技术人员，依据新版西式面点师职业技能鉴定细目对教材进行了改版，使之更好地适应社会的发展和行业的需要，更好地为从业人员和广大读者服务。

第 3 版教材分为 3 篇。第一篇为理论篇，阐述制作西点所需的原料、工器具和设备、食品营养和制作卫生要求、原料性能及对产品工艺的影响等西点的基础理论知识。第二篇为实务篇，按照西式面点师国家职业技能标准要求的技能要求，设置了混酥类糕点制作、混酥类饼干制作、面包制作、蛋糕制作、果冻制作五个模块，学员通过学习应掌握基础面团调制的基本操作手法。第三篇为拓展篇，根据西点烘焙行业的技术发展情况，介绍了用新原料、新设备、新工艺、新技术制作的 40 个新品种，进一步提升西式面点师的技能水平。

第 3 版教材以产品为导向，附有产品配方和烘焙百分比，阅读方便，图文并茂，制作过程用图说明，一目了然。制作注意事项用小贴士插入，并明示产品的质量标准，能使读者较快地掌握产品制作技艺。

前言

职业培训制度的积极推进，尤其是职业资格证书制度的推行，为广大劳动者系统地学习相关职业的知识和技能，提高就业能力、工作能力和职业转换能力提供了可能，同时也为企业选择适应生产需要的合格劳动者提供了依据。

随着我国科学技术的飞速发展和产业结构的不断调整，各种新兴职业应运而生，传统职业中也愈来愈多、愈来愈快地融进了各种新知识、新技术和新工艺。因此，加快培养合格的、适应现代化建设要求的高技能人才就显得尤为迫切。近年来，上海市在加快高技能人才建设方面进行了有益的探索，积累了丰富而宝贵的经验。为优化人力资源结构，加快高技能人才队伍建设，上海市人力资源和社会保障局在提升职业标准、完善技能鉴定方面做了积极的探索和尝试，推出了 1 + X 培训与鉴定模式。1 + X 中的 1 代表国家职业标准，X 是为适应经济发展的需要，对职业的部分知识和技能要求进行的扩充和更新。随着经济发展和技术进步，X 将不断被赋予新的内涵，不断得到深化和提升。

上海市 1 + X 培训与鉴定模式，得到了人力资源社会保障部的支持和肯定。为配合 1 + X 培训与鉴定的需要，人力资源社会保障部教材办公室、中国就业培训技术指导中心上海分中心、上海市职业技能鉴定中心联合组织有关方面的专家、技术人员共同编写了职业技术 · 职业资格培训系列教材。

职业技术 · 职业资格培训教材严格按照 1 + X 鉴定考核细目进行编写，教材内容充分反映了当前从事职业活动所需要的核心知识与技能，较好地体现了适用性、先进性与前瞻性。聘请编写 1 + X 鉴定考核细目的专家，以及相关行业的专家参与教材的编审工作，保证了教材内容的科学性及与鉴定考核细目以及题库的紧密衔接。

职业技术·职业资格培训教材突出了适应职业技能培训的特色，使读者通过学习与培训，不仅有助于通过鉴定考核，而且能够有针对性地进行系统学习，真正掌握本职业的核心技术与操作技能，从而实现从懂得了什么到会做什么的飞跃。

职业技术·职业资格培训教材立足于国家职业标准，也可为全国其他省市开展新职业、新技术职业培训和鉴定考核，以及高技能人才培养提供借鉴或参考。

新教材的编写是一项探索性工作，由于时间紧迫，不足之处在所难免，欢迎各使用单位及个人对教材提出宝贵意见和建议，以便教材修订时补充更正。

人力资源社会保障部教材办公室
中国就业培训技术指导中心上海分中心
上海市职业技能鉴定中心

目录

Contents

第一篇

理论篇

模块一 西式面点基础知识

学习目标

了解西式面点的发源地及发展史。

了解西式面点的特点。

了解西式面点的类别、西式面点在世界各地的派别。

一、西式面点的起源

西式面点来源于西餐，又从西餐中独立出来而发展成一个独立行业。西式面点行业在西方通常被称为烘焙业，在欧美十分发达。现代西式面点的主要发源地是欧洲。西式面点在中国也称西式糕点、西点，熟制的方法主要是烘焙。面包、蛋糕等是西式面点的主要代表。

烘焙食品的起源很早。古埃及有一幅绘画就展示了公元前 1175 年底比斯城的宫廷焙烤场面，从中可看出几种面包和蛋糕的制作场景，有组织的烘焙作坊和模具在当时已经出现。古埃及人制作面包的雕塑如图 1–1 所示。在古埃及的坟墓中和古罗马的庞贝古迹中都曾发现木乃伊化的酵母发面面包。《圣经》中记载了有关食用发面和不发面面包的法律，说明希伯来人已懂得发面技术。

古埃及人最早使用发酵的方法来制作面包，这和古埃及最早种植小麦有关。

图 1–1 古埃及人制作面包

二、西式面点的发展

18 世纪末，欧洲工业革命开始，大批妇女走出厨房走进工厂，同时制作面包的机械开始出现。1870 年后，调粉机、整形机、烤炉等被发明，机械的出现使面包的工业化生产有了快速的发展。

19 世纪，在近代自然科学和工业革命的影响下，西点烘焙业发展到一个崭新阶段，开始从作坊式生产步入现代化生产，并逐渐形成了一个完整和成熟的体系。当前，烘焙业在欧美十分发达，西点制作不仅是烹饪的组成部分（即餐用面包和点心），而且是独立于西餐烹调之外的一个庞大食品加工行业，成为西方食品工业的支柱之一。

据记载，1622 年来华的德国传教士汤若望在京居住期间，曾用“蜜面”和以“鸡卵”制作的“西洋饼”来招待中国官员，食者皆“诧为殊味”。这是我国最早有明确文字记载的“西洋食品”。

19 世纪 50 年代，随着中国各通商口岸对外开放，英式、法式、德式、意式、俄式等大饭店、西餐厅及咖啡馆开始进入我国，大多建立在上海。他们不但有自己的西方厨师，还雇用我国厨师为其服务。这样西餐技术就逐渐为我国厨师所掌握。

随着社会的发展，西点制作逐渐从西餐中分离出来，开始独立制作和生产。

20 世纪 90 年代，我国的西点行业得到快速发展，港台烘焙企业纷纷在上海和其他地区开设西点屋、面包房。最近几年，欧洲、亚洲等地区的焙烤企业得到了快速发展。

三、西式面点的特点

西点是人们日常生活中的风味食品，具有广泛的市场。西点产品是安全、卫生、营养、健康、快捷、方便、美味及时尚的，具有不同于其他食品的特点（见表 1–1）。

表 1–1　西点的特点

特点	说明
用料讲究，营养丰富	原料：面粉、鸡蛋、乳品、油脂、糖、水果等，是西式面点的常用原料，不仅口味独特、甜咸酥松，还带有浓郁的奶油香或巧克力风味等 配方：不同的品种要求使用不同的原料、标准及比例，而且要求计量准确 营养：不同的原料富含各种营养成分，这些都是人体必不可少的营养素，因此西式面点具有较高的营养价值

续表

特点	说明
工艺性强，口味独特	面包的不同制作工艺决定了面包具有松软、坚硬、酥脆等不同特点 蛋糕的不同制作工艺决定了蛋糕具有松软、坚实等不同特点 加入乳制品的甜品，会具有口味软糯、嫩滑的特点
操作规范，产品美观	每一种西式面点都要求按照特定的工艺制作，使每一个产品都成为一种艺术品。西式面点形态多姿，色彩绚丽，装饰手法简洁明快，能表达很多美好情感。西式面点不仅具有食用价值，还具有观赏价值

四、西式面点的分类

西式面点在欧美等西方国家都有独特的流派。其中，法国、英国、意大利、德国、俄罗斯、美国等的西式面点具有较大的影响。

1. 按制作工艺分类

现代西式面点一般按制作工艺、面团性能、品种、口感、质感的不同，大致可分为混酥类、清酥类、面包类、蛋糕类、甜品类、泡芙类、巧克力类、艺术造型装饰类等。

（1）混酥类（见表 1–2）。混酥类面团是以面粉、鸡蛋、白砂糖、油脂等为主料，根据不同品种的需要再添加适量的化学膨松剂等混合调制的酥性面团。混酥类制品面坯无层次，成品具有酥、松、脆等特点。

以混酥类面团为基础面坯，配以各种不同的馅料可加工成咸、甜等不同口味的点心，利用不同的模具、工具可以制成派、排、塔、饼干等不同的制品。

表 1–2　混酥类

类别	图片	代表品种	特点
派		苹果派	使用较大的模具成形，内有馅料，表面有装饰物

续表

类别	图片	代表品种	特点
排		奶黄排	使用工具成形，一般没有围边，可以切割成各种形状
塔		柠檬塔	一般使用较小模具成形，内有馅料，表面一般都有装饰物
曲奇饼干		法式松饼	手工制作为主，用裱制、擀制、整形、切割等手法制作的混酥饼干

（2）清酥类（见表1–3）。清酥类面团是将以面粉为主料调制的冷水面团与以油脂为主料调制的油脂面团互为表里，通过擀制、折叠、成形而成的酥性面团。可以在酥性面坯内添加各种咸、甜不同的馅料制成清酥制品。清酥类制品具有层次清晰的特性，口感具有酥、松、略脆的特点。

清酥类制品根据成形形态不同，一般可分为酥片、酥角、酥塔、酥卷等。

表 1–3 清酥类

类别	图片	代表品种	特点
酥片		蝴蝶酥	象形造型，成品色泽均匀，呈金黄色，厚薄均匀，蝴蝶形端正、层次清晰

续表

类别	图片	代表品种	特点
酥角		咖喱角	色泽均匀、呈金黄色，三角形端正、层次清晰，咖喱牛肉味
酥塔		葡式蛋塔（蛋挞）	色泽均匀、呈金黄色，圆形端正、层次清晰，奶香味、甜度适中
酥卷		奶油角内酥	色泽均匀、呈金黄色，长棍形，卷纹层次清晰

（3）面包类（见表 1–4）。面包类发酵面团是以面粉、水及酵母为主料，添加或不添加适量的盐、鸡蛋、白砂糖、油脂及其他辅料，经搅打调制而成的膨松面团。

能让面包变得膨松、富有弹性的原料是“酵母”。酵母是一种生物膨松剂，控制酵母的发酵程度是制作面包的关键。

面包制作的工艺方法非常多，常用的有直接发酵法、中种发酵法、烫种发酵法、快速发酵法、酸种发酵法等。

根据面包制作时使用的原材料、工艺性能及成熟方法不同，面包一般分为软质面包、硬质面包、脆皮面包和酥性面包。

表 1–4 面包类

类别	图片	代表品种	特点
软质面包		豆沙面包	组织松软而富有弹性，口感柔软。使用精制面粉，添加鸡蛋、乳粉、白砂糖、油脂等，面团含水量稍多

续表

类别	图片	代表品种	特点
硬质面包		裸麦面包	内部组织水分少，结构紧密、结实。质地较硬，经久耐嚼，越吃越香，醇香浓郁
脆皮面包		传统法棍	表皮松脆、内心柔软而稍具韧性，食用时越嚼越香，充满浓郁的麦香
酥性面包		丹麦面包	源于丹麦，是一种油脂成分较高的面包。质地酥软，风味独特，一般分为卷制成形的可颂起酥面包及花色造型的丹麦起酥面包两类

（4）蛋糕类（见表 1–5）。蛋糕类面糊是以鸡蛋、白砂糖、油脂及面粉为主料，通过搅打调制而成的面糊。

根据原料的特性不同，以鸡蛋蛋清的发泡特性制作的蛋糕称为清蛋糕，以油脂融合发泡特性制作的蛋糕称为油蛋糕。清蛋糕制作时按鸡蛋蛋清与蛋黄的不同性能，可分别制作分蛋蛋糕、全蛋蛋糕和添加乳化剂蛋糕。利用油脂的不同性能，可制作重油脂蛋糕和轻油脂蛋糕。

清蛋糕制品具有组织松软、气孔均匀的特点，油蛋糕制品具有组织紧密、香味浓郁的特点。用清蛋糕或油蛋糕作为基础糕坯，采用其他食材对糕坯进行裱挤、装饰制作的蛋糕，是另一类具有食用性和艺术性相结合的装饰蛋糕。

表 1-5 蛋糕类

类别	图片	代表品种	特点
全蛋蛋糕		蜂蜜海绵蛋糕	色泽均匀，甜度适中，质感细腻、松软
分蛋蛋糕		戚风蛋糕卷	卷筒大小均匀，卷纹层次清晰，甜度适中，松软细腻
轻油脂蛋糕		麦芬蛋糕	含果料，大小均匀、饱满，自然开花，香甜、松软
重油脂蛋糕		黄油蛋糕	色泽金黄、均匀、饱满，自然开花，香甜、松软

（5）甜品类（见表 1-6）。甜品类是以白砂糖、乳制品、水果、果汁或水为主料，以增稠剂等为辅料，通过冷制或热制成形的甜味制品。

常见的冷制甜品有果冻、乳冻、布丁、慕斯等。制作果冻的原料一般以水果和果汁为主料，不添加乳制品。果冻也称为清冻。乳冻、布丁、慕斯制品中会含有较高的乳制品成分，慕斯比布丁的口感更软绵、细腻。

表 1-6 甜品类

类别	图片	代表品种	特点
果冻		红酒果冻	不含乳及乳制品，呈水果汁本色及本味，晶莹透明，滑润爽口

续表

类别	图片	代表品种	特点
乳冻		椰奶乳冻	含乳及乳制品，装饰简洁、美观，表面光洁、软糯、嫩滑、细腻
布丁		焦糖布丁	一种半凝固状的冷冻甜品，主要材料为鸡蛋和牛奶
慕斯		慕斯蛋糕	一种奶冻式的甜点，可以直接食用或作为蛋糕夹层。通常加入奶油与凝固剂制成浓稠冻状的效果，用明胶凝结乳酪及鲜奶油而成，不必烘烤即可食用

（6）泡芙类（见表 1–7）。泡芙类面团是以面粉、油脂、鸡蛋、水或牛奶为主料，经加热调制而成的烫熟面团。泡芙制品是将烫熟面团制作成坯，经过裱形，制成圆形、长条形或动物造型，经过烘烤或油炸成熟，内部添加馅料，并在表面用糖粉或巧克力进行装饰。

泡芙制品具有外脆、内软、中间空、外壳薄，且表面具有龟裂状的特点。根据泡芙形态不同，长条形、表面巧克力装饰的泡芙也称为爱克来；将面糊裱制成各种象形制品的，也称为象形泡芙。

表 1–7　泡芙类

类别	图片	代表品种	特点
爱克来		巧克力爱克来	色泽金黄，外酥脆、内软，无絮状物，表面巧克力干燥

续表

类别	图片	代表品种	特点
象形泡芙		天鹅泡芙	色泽金黄，外酥脆、内软，无絮状物，天鹅状造型美观、端正

（7）巧克力类（见表 1–8）。巧克力来源于可可树的果实——可可豆荚，可可豆荚内的可可豆赋予了巧克力浓郁而独特的香味。可可豆的主要成分是可可脂、可可粉等。按可可固形物的含量及添加料的不同，现代工业将巧克力加工成黑巧克力、白巧克力、牛奶巧克力等。代可可脂巧克力制品指用植物油脂加工而成的接近于天然可可脂的合成食品。

巧克力富含大量的无机盐、维生素及可可碱。可可碱可以提神，增强兴奋性。

可可脂有可可特有的香味，具有很短的塑性范围，27℃以下几乎全部是固体，27.7℃开始融化，随温度的升高会迅速融化，到 35℃就完全融化。

常用的巧克力融化方法是“水浴法”，融化巧克力的水温要控制在 50℃以下，而操作间的环境温度应保持在 20 ~ 25℃。巧克力在西式面点制作中主要用于覆面、装饰、模塑、捏塑、雕刻等。另外，也可以将巧克力裹于果料、酒的外表，制作巧克力制品。

表 1–8　巧克力类

类别	图片	代表品种	特点
巧克力糖果		模塑巧克力	将巧克力融化后入模成形
巧克力蛋糕		香醇黑巧克力蛋糕	将巧克力、可可粉等加入面糊，并用巧克力对蛋糕进行表面装饰

（8）艺术造型装饰类（见表 1–9）。艺术造型装饰是指用可食用的原材料，经过构思、创意，运用各种技术手段进行艺术性造型、装饰，将食用价值与欣赏价值完美结合表现的一种创作工艺。

西式面点制作中常用于造型装饰的原料一般有巧克力、杏仁糖团、风登糖、白帽糖、糖塑、黄油、面粉等。

表 1–9　艺术造型装饰类

名称类别	图片	产品特点
巧克力雕塑		利用巧克力特性，将巧克力雕塑成形状各异、具有主题意义的作品
翻糖蛋糕		用杏仁粉、糖粉及其他材料调制而成的杏仁糖团制作。杏仁糖团良好的柔韧性和洁白度是做装饰品的好原料，可捏塑花卉、水果、动物等装饰物
白帽蛋糕		以糖粉为主料，分别添加蛋清、明胶等辅料调制而成膏状物，此糖膏可塑性强，可制成各种精细图案，是裱制立体花纹、制作饰板等的好原料
糖塑		以优质白砂糖、淀粉糖浆等原料熬制成的翻砂糖团，通过拉糖、吹糖等造型方法加工处理，制作出具有观赏性、可食性和艺术性的独立食品或食品装饰插件。糖塑制品色彩丰富绚丽，质感剔透，三维效果清晰，是西式面点行业中奢华的展示品或装饰材料

续表

名称类别	图片	产品特点
艺术面包		以面粉为主料，通过对发酵或不发酵的面团进行艺术加工，制作成具有主题意义的装饰面包，是一种不具备食用性的展示面包

2. 按地域分类

（1）法式西点（见图 1–2）。法国具有悠久的历史和文化，法式餐饮世界闻名。法式西餐和点心从其宫廷美食发展而来。法国人对点心制作有一种特殊的偏爱，他们醉心于研究各种甜品、面包，并在其中加入浪漫、动人的元素。琳琅满目的法式甜品闪耀着精致诱人的光彩，让人不禁心向往之。

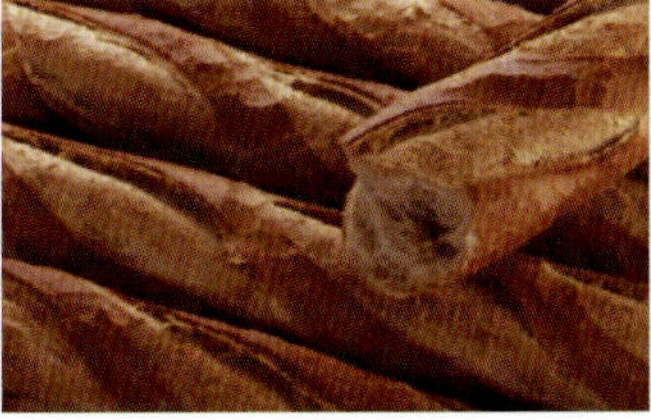

图 1–2 法式西点

“欧培拉”又称为“歌剧院蛋糕”，是三层浸过咖啡糖浆的杏仁海绵蛋糕、两层咖啡奶油馅和一层巧克力奶油馅，最后还要淋上光可鉴人的镜面巧克力酱的六层蛋糕，层层堆叠，香气馥郁，入口即化。它是有着数百年历史的法国知名甜品。

传统法棍原意是长条形的宝石，是一种传统的法式面包，规定斜切必须要有 5 道裂口才标准。

（2）英式西点（见图 1–3）。英式下午茶，并非仅仅茶而已，还包括丰富的英式西点。下午茶是精致的一餐。品尝下午茶食物也是十分讲究的：先吃三明治，然后是甜点，如蛋糕、点心以及英式松饼。

图 1–3　英式西点

（3）意式西点（见图 1–4）。意式西点中最常见的可能是意大利的比萨、面条等。意式西点中还有经典的提拉米苏、夏巴塔面包等。

（4）俄式西点（见图 1–5）。俄罗斯人比较讲究饮食，菜肴的品种丰富多彩，“俄式大餐”在世界上很有名气。珍贵的鱼子酱，还有传统小煎饼，都是非常有民族特色的。以黑面包发酵成的气泡饮料格瓦斯是非常有名的俄罗斯饮料。

图 1-4　意式西点

图 1-5　俄式西点

俄罗斯礼宾传统为奉上面包与盐欢迎客人。俄罗斯面包有黑面包和白面包两大类。大列巴（大面包）是俄罗斯人传统的主食。俄罗斯每个农庄只有一个面包炉，各个家庭到面包炉定期烤面包。俄罗斯人平时只在家里吃储存的面包，因此面包制作得特别大，吃时切下一片。久而久之，形成了特有的技艺和风俗。

（5）美式西点（见图 1-6）。来自欧洲和亚洲的移民为美式食品加入了更多的变化与风味。美式烹饪不仅用传统的方法烹调这些外来菜式，还对这些菜式进行改良，将美国本土风味融入其中。

美式西点的甜度一般比较高，甜甜圈、杯子蛋糕、布朗尼蛋糕、各式派是美式西点中的经典。

图 1-6　美式西点

模块二 食品营养与食品安全

学习目标

了解食品营养学的基础知识。

了解食品安全及从业人员要求。

一、营养与营养素含义

1. 营养

人体为了维持正常生理免疫功能、满足生长发育需要、修补组织及其他生命活动而摄取和利用食物的综合过程称为营养。

2. 营养素

食物中能保证身体生长发育、维持生理功能和供给人体所需能量的物质称为营养素。

二、营养素种类（见表 2-1）

通常把糖类、脂类、蛋白质、维生素、无机盐和水称为人体所必需的营养素。

1. 糖类

糖类有单糖、双糖和多糖，是人体最重要的供能物质。单糖是糖类的基本组成单位。

2. 脂类

脂类是脂肪和类脂的总称，脂肪主要有油和脂，类脂主要有磷脂、固醇等。

3. 蛋白质

蛋白质的基本组成单位是20多种氨基酸，它是生命的来源。

4. 维生素

维生素是维持人体正常生理功能的有机物，一般需食物供给。溶于脂肪，不溶于水的是脂溶性维生素；溶于水，不溶于脂肪的是水溶性维生素。

5. 无机盐

无机盐在人体内均衡存在，否则会引起代谢紊乱。

6. 水

人体一切代谢活动都必须有水的参加，体液约占成人体重的60%。

表2–1 营养素的种类

名称及成分	营养素的分类		食物来源
糖类（C、H、O）	单糖	葡萄糖	植物内含量丰富
		果糖	存在于水果和蜂蜜中
	双糖	蔗糖	广泛存在于植物中，甜菜、甘蔗中含量多，常见的有白砂糖、红糖等
		麦芽糖	存在于麦芽中
		乳糖	存在于哺乳动物的乳汁中
	多糖	淀粉	存在于植物中，是最为经济的供能物质
		糖原	存在于人和动物的体内
		纤维素	存在于谷类、豆类、种子的外皮中，蔬菜的茎、叶、果实中，以及海藻与水果中
脂类（C、H、O）	脂肪	油	含不饱和脂肪酸较多的在常温下呈液态，如菜籽油、花生油、豆油、麻油等植物油
		脂	含饱和脂肪酸较多的常温下呈固态，如猪油、牛油、羊油等动物脂肪
	类脂		相当于脂肪的物质，如磷脂、固醇等

续表

<table>
<tr><th>名称及成分</th><th colspan="2">营养素的分类</th><th>食物来源</th></tr>
<tr><td rowspan="3">蛋白质（C、H、O、N）</td><td colspan="2">完全蛋白质</td><td>又称优质蛋白质，如乳类、蛋类、大豆、瘦肉等所含的蛋白质</td></tr>
<tr><td colspan="2">半完全蛋白质</td><td>米、面、土豆等所含的蛋白质</td></tr>
<tr><td colspan="2">不完全蛋白质</td><td>玉米、豌豆中的蛋白质，肉皮、蹄筋中的胶质蛋白</td></tr>
<tr><td rowspan="7">维生素</td><td rowspan="4">脂溶性维生素</td><td>维生素 A</td><td>存在于动物食品中，如动物肝脏中；植物食品中黄红色瓜果、蔬菜中含量最多</td></tr>
<tr><td>维生素 D</td><td>存在于鱼肝油、牛乳、鸡蛋等动物性食品中，且含量较多</td></tr>
<tr><td>维生素 E</td><td>存在于植物油中，如麦胚油、豆油、棉籽油、玉米油、花生油、芝麻油等</td></tr>
<tr><td>维生素 K</td><td>存在于绿色蔬菜中，菠菜、苜蓿、白菜中含量最为丰富，肉中也含有</td></tr>
<tr><td rowspan="3">水溶性维生素</td><td>维生素 B_1</td><td>来源广泛，米糠、麸皮、全麦粉、麦芽等中含量多</td></tr>
<tr><td>维生素 B_2</td><td>动物肝、肾和心脏中含量多</td></tr>
<tr><td>维生素 C 及其他</td><td>广泛存在于新鲜的蔬果中，尤其是在绿叶菜、酸性水果中含量很丰富</td></tr>
<tr><td rowspan="2">无机盐（矿物质）</td><td>常量元素</td><td>钙、磷、镁、钾、钠、氯、硫等</td><td>钙在我国膳食中的主要来源是蔬菜和豆类。此外，虾皮、芝麻酱、骨头汤、核桃仁、海带、紫菜等含钙也很丰富
磷存在于动物食品中，如肉、鱼、虾、蛋、奶中含量丰富；豆类、杏仁、核桃、南瓜子、蔬菜也是磷的良好来源</td></tr>
<tr><td>微量元素</td><td>铁、碘、铜、锌、锰等</td><td>铁主要来源于动物食品中，以肝脏、瘦肉、蛋黄、鱼类及其他水产品中含量较多
碘主要存在于海产的动植物中，如海带、紫菜等含量较多</td></tr>
<tr><td colspan="3">水</td><td>正常成年人每天平均摄水量为 2 500 mL 左右</td></tr>
</table>

三、个人卫生要求

1. 西式面点师着装要求（见图 2-1）

（1）西式面点师的工作地点虽然远离顾客，但也应注意自己的着装。上班时必须三齐，即工作服、工作帽、工作裤要穿戴整齐上岗，有条件的应配置工作鞋。

（2）工作服应合身，防止过大或过小，否则会给别人以不规范的感觉，同时穿着如果不舒服也会影响工作。

（3）职位不同的西式面点师工作服在设计上应尽量有所区别。例如，厨师长、副厨师长、主管的工作服上可增加一个简单的标志，方便工作。要求每一个层级西式面点师的着装颜色尽量保持一致。

（4）严禁西式面点师穿着工作服外出。工作服应勤洗涤、勤更换，要经常保持工作服的洁白、平整、干净。

（5）严禁夏天穿短裤、背心上班，否则不但不卫生文雅，也容易发生烫伤和其他工伤事故。

（6）西式面点师应自带擦汗毛巾，切忌工作中用工作服袖口、衣襟擦汗。

图 2–1　西式面点师着装要求

2. 手的清洁卫生（见表 2-2）

表 2-2 正确洗手六步法

步骤	图片	说明
第一步	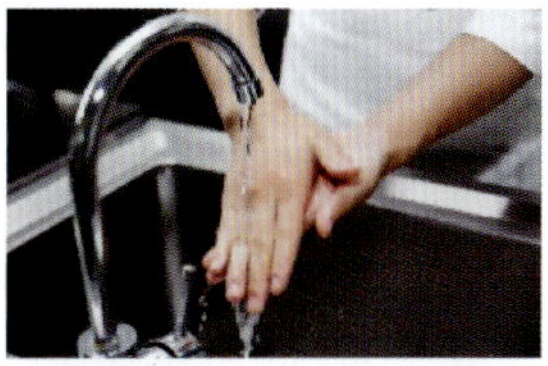	双手手心相互搓洗，双手合十搓五下
第二步		双手交叉搓洗手指缝，手心对手背，双手交叉相叠，左右手交换各搓洗五下
第三步	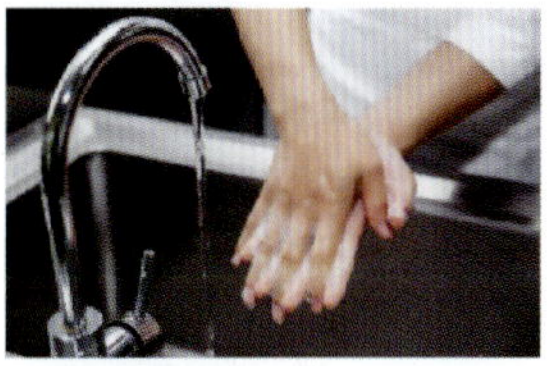	手心对手心搓洗手指缝，手心相对十指交错，搓洗五下
第四步	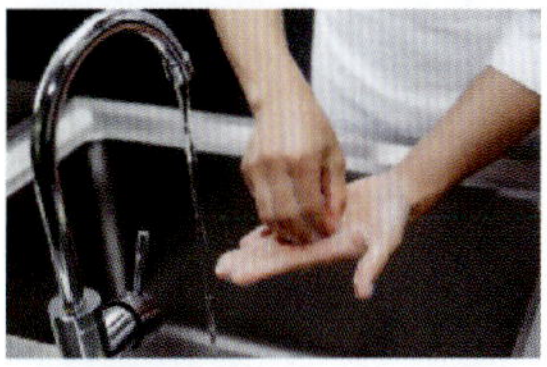	弯曲各手指关节，在另一手掌心旋转搓洗，两手交替进行
第五步	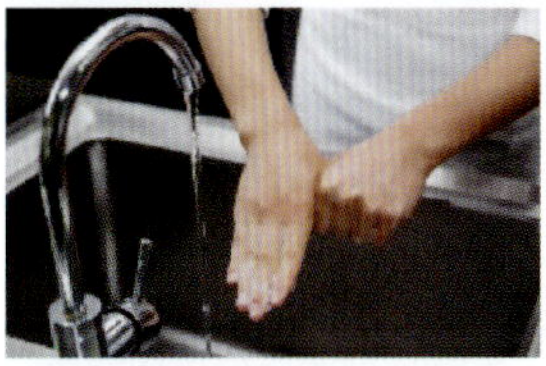	一只手握住另一只手的拇指搓洗，左右手相同
第六步	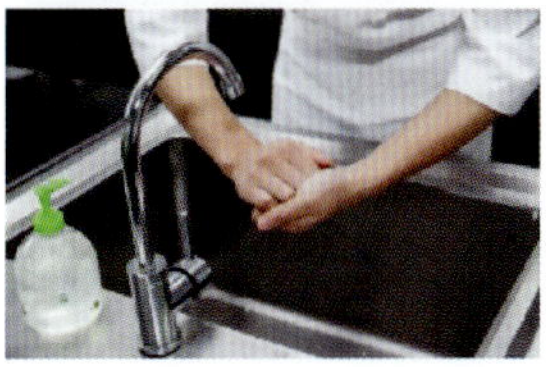	双手轻合成空拳，转动搓洗手背及手腕

四、设备器具及场所卫生要求

1. 设备的清洁卫生

（1）清洁时，用喷壶盛水，加适量清洁剂，喷到油污上，3 ~ 4 min 后用干净的湿抹布擦净。不要用钢丝球，以免划伤不锈钢台面。

（2）如果油点长时间不清理，就会形成顽固的油泥。可以将清洁剂喷在油泥上浸泡一会儿，再用百洁布擦掉；或者是用烧碱烧泡 10 min 以上，再用热水一冲就可以洗干净了。烧碱腐蚀性较大，使用时一定要注意安全。

平时使用完厨房设备，要及时清理油污和食物残渣。例如，开水器类容易产生水垢的设备加入软水剂或者经常检查，按照实际的需要经常除水垢，那么这些设备的清理就会比较方便，不会形成很多顽固的油污或者水垢而难以清除。

2. 器具的清洁卫生

（1）器具使用前，必须清洗、消毒，使其符合国家有关卫生标准。

（2）器具在清洗消毒过程中，必须做到“一清、二洗、三消毒、四保洁”，不得减少任何环节。

（3）不同种类的器具要用不同的方法进行清洗消毒。

（4）使用后的器具必须归类存放备用，严禁与私人物品混放。

（5）存放器具的柜内不得存放有毒物品、有毒气体、污物、易爆物品等。

（6）经消毒的器具需建立消毒记录制度。

3. 场地的清洁卫生

（1）厨具、设备应摆放整齐，保持干净。

（2）不锈钢台、架柜、冰柜、烤炉无油渍。

（3）冰柜无污水，食品用保鲜膜封好，其他食品无变质、无异味。

（4）地面无污渍、无积水、无垃圾。

（5）墙壁无污渍、无灰尘。

（6）天花板无蜘蛛网、无吊尘。

（7）沟渠无污渍、无垃圾、无异味，渠盖保持干净。

模块三　西式面点常用原材料

学习目标

了解面粉、油脂、糖、蛋的来源、种类和使用方法。

了解酵母的来源、种类和基本功能。

一、面粉

1. 面粉的含义

小麦粒经过去除皮层、胚和糊粉层，得到胚乳，将其粉碎制作而成面粉。经过研磨系统的加工能得到含有不同成分的小麦粉，称为“基础面粉”。根据不同的指标要求进行配粉，即可得到各种等级或专用的面粉。面粉是制作糕点、面包的主要原料。

2. 面粉的种类

我国面粉按照等级粉、专用粉和预混粉分类。

在西点中使用较多的是专用粉。专用粉是根据各种面粉制品对小麦粉品质的特定要求所组织生产的面粉。专用粉按蛋白质（面筋）的含量及质量不同分为高筋粉、中筋粉、低筋粉，见表 3–1。

表 3–1　专用粉

名称	图片	性能	用途
高筋粉		面筋含量≥ 32.0% 蛋白质（干基）≥ 12.2%	适合制作面包、包子、比萨、泡芙等

续表

名称	图片	性能	用途
中筋粉		32% > 面筋含量≥ 24.0% 12.2% > 蛋白质（干基）> 10.0%	适合制作大众西式面点
低筋粉		面筋含量 < 24.0% 蛋白质（干基）≤ 10.0%	适合制作蛋糕、饼干、混酥类点心

3. 面粉在制品中的作用（见表 3-2）

表 3-2　面粉在制品中的作用

成分	作用
淀粉	在面包烘烤时，淀粉糊化会从面筋中汲取大量水分，处于高温下的面筋则会因失水而凝固，构成面包的骨架。糊化的淀粉体积大量增加，充满于面筋骨架的网络结构中，形成面包的形态
蛋白质	小麦中的蛋白质由几种蛋白质混合组成，经水化后能生成面筋的称为面筋性蛋白质。面筋在面团中能形成立体网络结构，其他的成分如淀粉等充塞在网络结构中，在搅拌过程中形成的气泡也在网络结构中，使面团具有良好的气体保持能力

4. 面粉的储藏

新鲜的面粉有正常的气味，颜色较淡。如有腐败味、霉味，以及颜色发暗、发黑或结块的现象，则说明面粉储存时间过长或已经变质。

面粉保管的环境温度以 18 ～ 24℃较为适宜，并应储藏在通风、干燥的室内。

面粉具有吸湿性，其水分含量会随空气中相对湿度的变化而增减，相对湿度大，小麦粉吸水快，容易变质。因此，面粉储藏的环境相对湿度以 55% ～ 65% 较为适宜。

面粉具有吸附气味的特点，因此保管面粉的环境不能有异味，避免面粉吸附异味而影响其品质。

二、油脂

1. 油脂的含义

油脂是一种有机物。植物脂肪在常温常压下一般为液态，称为油；动物脂肪在常温常压下为固态，称为脂。两者合称为油脂。油脂是人类的主要营养物质和主要食物之一，也是西点制作重要的原料。西点制作中常用的油脂有天然黄油、人造黄油、起酥油、植物油、猪油等。

2. 油脂的种类（见表 3-3）

表 3-3 油脂的种类

名称	图片	性能	适用品种
天然黄油		优质黄油色泽浅黄，质地均匀、细腻，切面无水分渗出，气味芬芳。黄油的含脂率在 80% 以上	大量使用在各类西式面点中，如饼干、重油蛋糕、西式面点馅料等
人造奶油		人造奶油以氢化植物油作为主料，并适量加入乳化剂、盐、黄油调味料、色素、化学防腐剂、维生素等，经过混合、乳化等工序而制成。人造奶油的熔点一般为 35 ～ 38℃	可以代替黄油使用
起酥油		起酥油是指经精炼的动植物油脂、氢化油或这些油脂的混合物，经急冷、捏合而成的固态油脂，或不经急冷、捏合而成的固态或流动态的油脂产品	不宜直接食用，常用于清酥类点心和丹麦面包的制作

续表

名称	图片	性能	适用品种
植物油		植物油广泛分布于自然界中，是从植物的果实、种子、胚芽中得到的油脂。植物油主要含有维生素、矿物质、不饱和脂肪酸等。植物油在常温下一般为液态	西式面点制作中，植物油主要用于油炸产品和一些面包的生产
猪油		猪油在过低室温下即会凝固成白色固体油脂，其熔点为 30 ~ 35℃。用猪油制作酥性制品成形较困难	中式面点中使用较多

3. 油脂在制品中的作用（见表 3-4）

表 3-4　油脂在制品中的作用

作用	特性
起酥	油脂用于焙烤制品中，起着酥松或产生层次的作用，使制品结构脆弱、易碎。加入油脂后的制品松软可口、咀嚼方便、入口易化
持气	在适宜的条件下，搅打塑性油脂能掺入并持有大量空气，并将空气形成细微的气泡均匀分布在油脂中。油脂的持气功能对焙烤食品的加工至关重要
柔性	油脂能限制淀粉与面筋的紧密结合，使面团的弹性和韧性大大下降，可塑性提高，同时使面团内聚力降低，因此制品松软而不紧密。油脂的存在延缓了淀粉的老化时间，延长了制品的保存期
稳定	油脂因打发持气而使高糖面糊在烘烤时容易塌陷或形状成空，因油脂的存在而稳定了面糊的结构
营养价值	每克脂肪会产生约 37.67 kJ（9 kcal）的热量，是等量蛋白质或碳水化合物的 2 倍以上。另外，油脂含有的必要脂肪酸物质都是人类需要的营养物质

4. 油脂的储藏

油脂保管不当最容易发生的现象是油脂酸败。油脂酸败是指油脂或含油脂的食品在储存过程中经生物、酶、空气中氧的作用，而发生颜色、气味等变化，常可造成人的不良生理反应或食物中毒。

植物性油脂中含有一定量的抗氧化物质——卵磷脂和维生素 E，这些物质对于油脂的保存具有一定的意义。所以，植物油的酸败过程慢于动物脂。

油脂的感官性状发生改变后，具有强烈的“哈喇”气味。油脂水解产生的游离脂肪酸可产生不良气味，影响食品的感官质量。

油脂应储藏于干燥、避光、低温处，可以存放在深色的玻璃瓶内。油脂存放时间不宜过长。

三、糖

1. 糖的含义

糖是人体所必需的一种营养素，经人体吸收之后马上转化为碳水化合物，以供人体能量。常见的糖是指具有甜味的单糖和双糖。

2. 糖的种类（见表 3-5）

表 3-5　糖的种类

名称	图片	性能	适用范围
白砂糖		颗粒为均匀结晶状，颜色洁白，甜味纯正，蔗糖含量 99% 以上	是西式面点中使用最多的糖类
蜂蜜		蜂蜜的成分除了葡萄糖、果糖之外，还含有各种维生素、矿物质和氨基酸，主要成分为转化糖。蜂蜜为透明或半透明的黏稠体，带有芳香味	可添加在蛋糕中增加营养和风味，是制作特色西式面点的天然食品原料
饴糖		饴糖的主要成分是麦芽糖、糊精、维生素等。饴糖是甜味剂和吸湿剂，多用于低甜度的食品，有防止糖结晶的作用	饴糖是制品较好的着色剂

续表

名称	图片	性能	适用范围
糖粉		糖粉是白砂糖的再制品，为洁白粉末状	西式面点中常用于代替白砂糖使用或用于制作白帽糖等装饰品

3. 糖在制品中的作用（见表 3-6）

表 3-6　糖在制品中的作用

作用	特性
增加营养	各种糖在西式面点制品中具有增进营养价值的作用。糖提供人体热能，每 100 g 糖能提供的热量为 1 385.52 ~ 1 674.34 kJ（331 ~ 400 kcal）
改善色泽	蔗糖在 154℃以上开始焦化，加入糖的制品在烘烤中容易产生金黄色或黄褐色
增加甜味	糖的加入为制品赋予了甜味
产生香气	制品在烘烤过程中，糖类物质会发生美拉德反应，产生人们所需要的香气
调节发酵速度	糖是发酵面团中酵母的营养物质，能促进酵母的生长繁殖，产生二氧化碳气体，使面团膨大
防腐作用	由于糖的渗透性能使制品脱水，微生物生长受到抑制，糖能减缓制品腐败变质的速度。糖分高、水分少的制品，保存期长

4. 糖的储藏

糖很容易受外界温度的影响，在保管中易发生吸湿溶化和干缩结块现象。为防止糖吸湿溶化和干缩结块，蔗糖制品应保存在干燥、通风、无异味的环境中，并注意保存环境的温度、湿度和清洁。

拆封的白砂糖应储藏在容器中，要加盖，以防外界潮气的侵入。保存糖粉时，要避免有重压或温差大的环境。蜂蜜、饴糖、淀粉糖浆则要密封保存，防止污染。

四、蛋

1. 蛋的含义

蛋由蛋壳、蛋清及蛋黄组成，各组成部分不稳定。鸡蛋（见图 3-1）的大小随着鸡的品种、个体大小、饲料种类、季节等因素的变化而变化。

图 3-1 鸡蛋

2. 蛋的种类

常见的蛋有鸡蛋、鸭蛋、鹅蛋等。随着西式面点的普及，现在的巴氏蛋黄液和巴氏蛋清液，使点心制作的过程更为便捷。当然，西式面点制作中运用最多的是新鲜鸡蛋，因为鸡蛋的风味最佳。

3. 鸡蛋在制品中的作用（见表 3-7）

表 3-7 鸡蛋在制品中的作用

作用	特性
营养价值	鸡蛋营养丰富，且消化率高，对人体各组织发育、生长有重要意义。在烘焙产品中，鸡蛋的使用大大提高了制品的营养价值
蛋清的发泡性	蛋清的亲水胶体具有良好的发泡性。在西式面点制作中，蛋清应用非常广泛
蛋清的凝固性	蛋清对热非常敏感，有受热凝固变性的特征。在烘烤中，当温度升到 55℃左右时，蛋清开始变性，至 60℃时变性加快，直至完全凝固
蛋黄的乳化性	蛋黄中含有大量的磷脂，它是一种天然乳化剂，具有亲水和亲油的双重性质，能使原料相互均匀分布，使制品组织结构均匀细腻、质地柔软，使低水分制品酥松可口
蛋的色泽性	蛋能改善制品表皮色泽，产生光亮感。将蛋液涂于制品的表面，经烘烤后能形成明亮诱人的金黄色或黄褐色，使产品美观
延长保质期	蛋黄中的磷脂能使面包、蛋糕等制品在保存期保持柔软，延缓老化。蛋清中的成分具有抗氧化效果，也能延长高油制品的保存期

4. 蛋的储藏

鲜蛋在常温下极易腐败变质，特别是在夏季。鲜蛋的蛋壳上常会带有致病菌，特别是沙门氏菌。由于蛋壳上有很多小气孔，当鲜蛋储存陈旧后，蛋壳上的薄膜逐渐消失，内膜上酶的作用也遭破坏，这时各种病菌可能通过小气孔进入蛋的内部。

鲜蛋不宜长期存放，平时需要在低温下储藏。一般储藏鲜蛋以 0 ~ 4℃为宜，湿度为 85%。储存时，鲜蛋不要清洗，以防破坏蛋壳膜。

五、酵母

1. 酵母的含义

面包酵母是一种单细胞微生物，含蛋白质 50%左右，氨基酸含量高，富含 B 族维生素，还有丰富的酶和多种营养价值很高的生理活性物质。

几千年前，人类就用面包酵母发酵面包和酒类。在现代食品工业方面，酵母广泛用于面包、馒头、包子、饼干、糕点等食品中。面包酵母是优良的发酵剂和营养剂。

2. 酵母的种类（见表 3-8）

表 3-8　酵母的种类

名称	图片	性能
鲜酵母		鲜酵母是面包制作中使用较早的酵母。它的制造及使用都比较方便，但储藏要求较高
活性干酵母		活性干酵母的含水量为 7.5%~9.0%，储存性能得到改善。在 5 ~ 6℃下可储存数月。在真空包装条件下，常温存放一年之久也不会丧失活性。用量比鲜酵母要大些
即发活性干酵母		即发活性干酵母是一种快速高活性干酵母，在制造中除选择优良菌种外，还进行了一些特殊的处理，并使用了一些添加剂

续表

名称	图片	性能
液体酵母		液体酵母由覆着于谷物、果实和自然界的多种细菌培养而成，其菌种多样、风味丰富、发酵力强，但不宜保存，需要冷藏使用

模块四　西式面点常用设备和工器具

学习目标

了解西式面点制作常用设备和工器具的种类。

掌握西式面点制作常用设备和工器具的用途及使用方法。

一、西式面点常用成熟设备

1. 烤炉

（1）烤炉的定义。烤炉也称烤箱，是利用电热元件发出的热量烤制食物的厨房电器。烤炉通过电源或气源产生的热能使炉内的空气和金属热传递，使制品成熟。

烤炉按不同要求配备加热器、温控仪、定时器、传感器、涡轮风扇、加湿器等装置来控制其工作。仪表可以布置在烘烤室外壁。烤炉通过对流热、传导热和辐射热烘烤成熟制品。

（2）烤炉的种类（见表4–1）

表4–1　烤炉的种类

名称	图片	性能	适用范围
层式平炉		工业用，通常以上、下管加热，可以设定不同的温度。平炉相对升温较慢些，需要预热	可单层烘烤大部分西式面点

续表

名称	图片	性能	适用范围
热风烤炉		工业用，利用多种不同的能源加热燃烧室，通过热交换器和风机将热风送进炉膛，进而对炉内制品进行烘烤	适合多层西式面点同时放入炉内烘烤
小型热风烤炉			
万能蒸烤箱		工业或家庭用，通过高温蒸汽的热风和精准控温进行烘烤	能焙烤、煎烤、架烤、蒸、焖、烫、煮各类点心和菜肴
隧道烤炉		工业用的隧道式机械设备，通过热的传导、对流、辐射完成食品烘烤	适合面包、蛋糕、饼干、月饼等烘烤，是提供连续性烘烤的大型设备，可配备生产流水线作业
台式小烤箱		家用烤箱	适用于简单食物和小西点的烘烤
嵌入式烤箱		家用烤箱，由多组加热管组成，可以根据食物的不同，上、下火分开控制，控温准确	适用于家庭烘烤各类蛋糕、面包

2. 加热设备（见表 4-2）

表 4-2　加热设备

名称	图片	性能	适用范围
燃气灶		明火加热用的设备，气源有管道煤气、管道天然气、液化天然气等	加热成熟是西式面点制作中常用的工艺
油炸炉		一般加热装置是电热管，装上温控仪后，可以自动控制设定的油温	油炸炉是油炸制品成熟的设备
微波炉		利用微波对食品的里外同时进行加热	在西式面点制作中常用于加热、融化原料，如制作糖塑的糖块加热，巧克力、奶油的融化等
卡式炉		以罐装丁烷气为主要燃料，液化气等气体也可作为燃料使用。用火进行直接加热的非固定烹饪厨具	可用于没有明火设备的地方，代替煤气灶，加热成熟西式面点
电磁炉		利用电磁感应加热原理制成的电气烹饪器具	可用于不能使用明火设备的地方，代替煤气灶，加热成熟西式面点

二、西式面点常用机械设备（见表 4-3）

表 4-3　西式面点常用机械设备

名称	图片	性能	用途
面包面团搅拌机		功率大、一次加工面团数量多	是专门用于面包制作的机械设备，主要用途是搅打面包面团
台式搅拌机		小巧轻便，操作方便	一般只搅打少量奶油、蛋液
多用途搅拌机	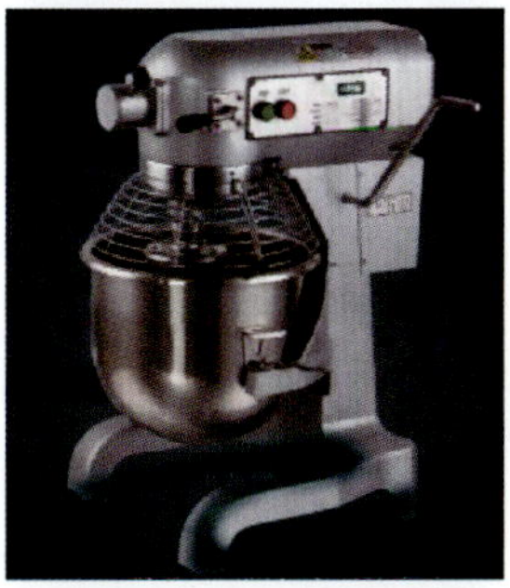	具有三段变速功能，用途多	兼用于和面、搅打奶油等
起酥机		具有擀叠效果比手工好、制品质量稳定的优点，而且可以大大降低劳动强度	将揉制好的面团通过可调节的压辊间隙压制成所需厚度的坯料以便进一步加工

续表

名称	图片	性能	用途
切片机		运用切片机加工的制品具有厚薄均匀、切面整齐的特点	可以对吐司面包进行切片加工，也可以对没有果料的油脂蛋糕进行切片加工
面包搓圆机		用于面团自动分割搓圆的机器，通过机械提高产品成形的稳定性，降低劳动强度	将面团进行分块、滚圆等外形加工及定型
吐司整形机		可以碾压面团，给碾压后的面团充分排气，具有一定的拉伸性，保湿效果好	主要用于面包的整形，维持面包坯的一定形状，可制作吐司面包、菲律宾面包或其他需要整形起卷的花式糕点和饼类
万能曲奇糕点机		具有多种模具，是面团挤出成形的机器	能生产多种独特花式点心和曲奇饼干坯

三、西式面点常用恒温设备

1. 常用冰箱（见表 4-4）

表 4-4　常用冰箱

名称	图片	性能用途
冷藏冰箱		把食物储存在低温设备里，以免食物变质、腐烂，适合各类点心、馅料的冷藏
冷冻冰箱		降低温度使物体凝固、冻结。冷冻能抑制微生物的繁殖，防止有机体腐败，便于储藏和搬运，适合各类点心、馅料的冷冻
展示冷柜		可用于产品冷藏展示
立式冷箱		以原料及产品储存为主
工作台冷柜		具备冷藏或冷冻的功能，又有案台的功能

续表

名称	图片	性能用途
制冰机		将水通过蒸发器由制冷系统制冷剂冷却后生成冰的制冷机械设备，主要用途是制作过程中冷却原料、馅料等
速冻柜		将食物快速制冷，达到保持食物营养不流失、口味新鲜效果的机器，较多用于慕斯蛋糕的冷却

2. 发酵箱

发酵箱的工作原理是靠电将空气加热和水槽内的水加热蒸发，使发酵面团等在一定的温度和湿度下充分地发酵、膨胀。发酵箱使用时，水槽内不可无水干烧，否则设备会遭到严重的损坏。面包面团发酵时，一般先将发酵箱调节到理想的温度、湿度后再进行面团发酵。

发酵箱按能否自动补水可以分为自动发酵箱和半自动发酵箱两类，按大小可以分为发酵箱和发酵房等多种规格，按现代面包工业制作需要可以分为延时发酵箱、即时发酵箱、烤箱发酵箱一体机（见表 4–5）。

表 4–5　发酵箱按现代面包工业制作需要分类

名称	图片	性能用途
延时发酵箱		具有延时醒发功能，发酵箱温度可控制在 2 ~ 40℃

续表

名称	图片	性能用途
即时发酵箱		靠电加热空气和水槽内的水加热蒸发，使发酵面团等在一定的温度和湿度下充分地发酵、膨胀
烤箱发酵箱一体机		集发酵和烘烤功能为一体。一般上层为烤箱，下层为发酵箱，单独带有控制面板

四、西式面点常用工器具

西式面点的制作离不开各式各样的工器具，完备的工器具是完成各种西式面点制作的重要条件之一。常用的西式面点工器具包括案台、模具、刀具等。

1. 案台

案台又称案板，是制作点心、面包的工作台（见表 4–6）。

表 4–6　案台

名称	图片	性能
木质案台		以硬木为好，适宜制作面包、酥类制品

续表

名称	图片	性能
大理石案台		大理石具有平整、光滑、散热性好、抗腐蚀性强的优点，因此，大理石案台是制作糖艺、巧克力等的理想案台
不锈钢案台		具有美观大方、清洁卫生、传热性能好的特点，目前较多使用

2. 模具

（1）模具的种类。西式面点所用的模具种类繁多，一般分为烘烤模具、甜点模具、巧克力模具和刻制模具（见表 4–7）。常用的烘烤模具主要有烤盘、蛋糕模、面包模、点心模等。

表 4–7　常用模具

名称	图片	性能
通用烤盘		一般为长方形，标准规格为 40 cm × 60 cm，用于各类西式面点的烤制
法棍烤盘		用于法棍的烤制
汉堡烤盘		用于汉堡的烤制

续表

名称	图片	性能
多连式烤盘		用于烤制特殊规格西式面点
活动蛋糕模		便于脱模
固定蛋糕模		普通蛋糕模具
花色蛋糕模		用于制作花式蛋糕和油蛋糕
派盘		用于制作混酥类、清酥类点心
比萨盘		用于制作比萨
塔模		用于制作混酥类、清酥类点心

续表

<table>
<tr><th>名称</th><th>图片</th><th>性能</th></tr>
<tr><td>单体土司盒</td><td></td><td>用于制作单个吐司</td></tr>
<tr><td>连体土司盒</td><td></td><td>用于一次性制作多个吐司</td></tr>
<tr><td>慕斯圈</td><td></td><td>用于制作方形慕斯蛋糕</td></tr>
<tr><td>甜品模</td><td></td><td>用于制作小型甜品慕斯</td></tr>
<tr><td>亚克力巧克力模</td><td>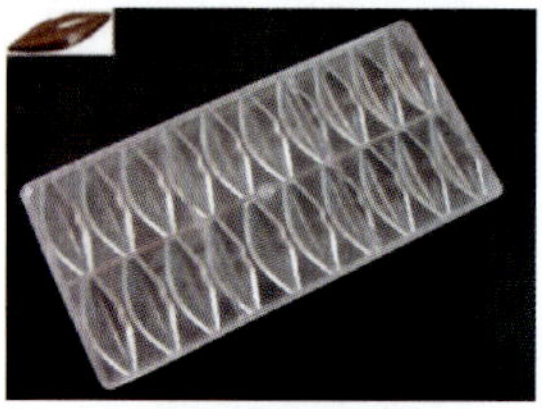</td><td rowspan="3">巧克力模具一般用塑料、硅胶、橡胶、金属等材料制作</td></tr>
<tr><td>硅胶巧克力模</td><td></td></tr>
<tr><td>金属巧克力模</td><td></td></tr>
</table>

续表

名称	图片	性能
圆形刻模		用于面包（甜甜圈、菠萝面包）、混酥类饼干、杏仁糖团装饰品、软巧克力装饰品、白帽糖装饰品等制作
甜甜圈模		
菠萝印		

（2）模具的使用

1）使用金属模具后，要及时清洗干净，并及时擦干，以免生锈。

2）制作直接入口西点的模具要清洁卫生，保证食品安全。

3）模具在洗净后应浸泡在消毒溶液中消毒。

4）清洗金属模具时，不要用坚硬的工具擦洗模具，防止不粘涂层脱落或造成模具表面粗糙。

3. 常用刀具（见表 4-8）

表 4-8　常用刀具

名称	图片	用途
抹刀		用不锈钢片制成的无锋刃、圆头的刀具，主要用于涂抹奶油、果酱等软性原料，是装饰蛋糕抹面的主要工具之一

续表

名称	图片	用途
锯刀		用不锈钢片制成的一侧有锋利锯齿刀锋的刀具，是分割酥软制品的重要工具，能尽量保证被分割制品形态的完整性
滚刀		带圆轮的刀具，一般有花纹圆轮或光滑圆轮两种，主要用于切割面坯。花纹滚刀有美化成品外形的作用
分刀		具有锋利锋刃的刀具，主要用于原料的分割，也可用于排类制品的分割

4. 其他工器具（见表 4-9）

表 4-9 其他工器具

名称	图片	使用
小型电子秤		开机时应先检查数值是否归位到“0”。累积称重时，要按“去皮”按键。注意配料表的计量单位与公制计量单位的换算 进行称量时，物品应轻拿轻放，尽量使物品放置在秤台中间位置，超重的物品不允许上秤 使用电源的电子秤停用时，应关闭电源
量杯		常用于水的计量

续表

名称	图片	使用
通心槌		擀制工具在使用中不能靠近热源，以免工具变形损坏。使用后，应用抹布擦拭干净，不要用刀具刮擀制工具的表面。擀制工具不要浸泡在水中，防止木质材料变形或霉变
金属擀棍		
长棍		
刮板		不管是硬质塑料刮板还是软质塑料刮板，在使用中都不宜切割硬质原料，否则会造成刮板切口翻卷，影响使用效果
打蛋器		打蛋器适宜搅打蛋液、鲜奶油之类的软质原料，不宜搅打较硬质的原料，否则容易造成钢丝的断裂
搅板		木质搅板使用时，不要用力去铲不粘锅锅底，防止损坏不粘锅具。使用橡胶搅板铲奶油时，一定要在搅拌机停机的状态下进行，不要边搅打边铲，防止发生意外事故

续表

名称	图片	使用
裱花袋		布质裱花袋用后务必清洗并晾干，避免发霉影响食品安全
裱花嘴		使用后需用热水将内部的油脂清洗干净并晾干水分，避免用粗糙、锋利的工具清洗内部
粉筛		不要接触强酸、强碱物质，防止粉筛变形、损坏
蛋糕转台		用后要清洗擦拭干净，注意避免转轴直接接触到水，以防生锈
打蛋盆		不要接触强酸、强碱物质，防止变形、损坏，用后清洗擦拭干净

模块五　西式面点相关知识

学习目标

了解职业素养的基本要求。
了解世界技能大赛的基本情况。
了解食品成本计算的基本要求。
掌握烘焙计算的方法。

一、西式面点师的职业素养

1. 职业道德

职业道德是人们在特定的职业活动中应遵循的行为规范的总和。职业道德是整个道德体系中的重要组成部分。职业道德随着社会分工而发展，并在出现相对固定的职业时产生。人们的职业实践是职业道德产生的基础。

随着人类进步和社会发展，社会分工越来越细。各种职业分工日益繁多，人与人的职业关系越来越密切。社会上划分出众多不同的职业，同时也产生了不同行业的道德规范。

西式面点师的职业道德包含以下内容：

（1）忠于职守，爱岗敬业。职业素质是劳动者对职业了解与适应能力的一种综合体现，忠于职守就是要求把自己职责范围之内的工作做好，符合质量标准和规范要求。

爱岗就是热爱自己的工作岗位，热爱本职工作。敬业就是要以恭敬、严肃的态度对待自己的工作。敬业可分为两个层次，即功利的层次和道德的层次。爱岗敬业作为

最基本的职业道德规范，是对人们工作态度的一种普遍要求。

“干一行爱一行”是职业道德最起码的要求。同时，任何职业的工作都不是可以享乐的，都需要艰苦奋斗、勤俭创业的精神。

（2）优质服务，信誉第一。优质服务指在符合行业标准或部门规章的前提下，所提供的服务能够满足服务对象的合理需求，保证一定的满意度。

西式面点师制作食品的质量，决定企业的效益和信誉。消费者支付了货款，就应得到相应的服务及质量的食品。违背了这一原则，就是违背了职业道德。违反了职业道德，企业的信誉就会受到影响。

（3）遵纪守法，廉洁奉公。为了规范竞争行为，加强法制建设的力度和保障消费者的权益，国家和地方有一系列法律、法规、规章制度等，如《中华人民共和国食品安全法》《中华人民共和国经济合同法》《中华人民共和国产品质量法》《中华人民共和国计量法》《中华人民共和国消费者权益保护法》《上海市餐饮业食品卫生管理办法》等。这些法律、法规、规章制度等反映了人民的意愿，体现了国家的意志。

遵纪守法是对每一个公民的基本要求，能否遵纪守法是衡量职业道德好坏的重要标志。法律、法规及政策是调节人们利益关系的重要手段，有力地促进了市场经济的健康发展。

（4）积极进取，提高技能。知识经济时代，知识是推动行业发展的动力之一。作为西式面点师，要不断地积累知识，更新知识，适应原料、工艺、技术不断更新发展的需要，适应企业竞争、人才竞争的需要，做到积极进取、开拓创新、重视知识、敢于竞争。

2. 工匠精神

工匠精神是指工匠对自己的产品精雕细琢、精益求精的精神理念。工匠们喜欢不断雕琢自己的产品，不断改善自己的工艺，享受着产品在双手中升华的过程。工匠精神的目标是打造本行业最优质的产品、其他同行无法匹敌的卓越产品。概括起来，工匠精神就是追求卓越的创造精神、精益求精的品质精神、用户至上的服务精神。

企业不能只追求“短、平、快”带来的即时利益，而忽略了产品的品质灵魂。因此，企业更需要工匠精神，这样才能在长期的竞争中获得成功。坚持“工匠精神”的企业，依靠信念、信仰，产品不断改进、不断完善，最终通过高标准要求历练之后，成为众多用户的骄傲。

国务院总理李克强 2016 年 3 月 5 日做政府工作报告时说，鼓励企业开展个性化定制、柔性化生产，培育精益求精的工匠精神，增品种、提品质、创品牌。“工匠精神”出现在政府工作报告中，让人耳目一新。

工匠精神落在个人层面，就是一种认真精神、敬业精神。其核心是不仅把工作当作养家糊口的工具，而是树立起对职业敬畏、对工作执着、对产品负责的态度，注重细节，不断追求完美和极致，给客户提供无可挑剔的体验，将一丝不苟、精益求精的工匠精神融入每一个环节，做出打动人心的一流产品。与工匠精神相对的，则是“差不多精神”：满足于 90%，差不多就行了，而不追求 100%。

3. 世界技能大赛

世界技能组织是世界技能大赛的组织机构，其前身是“国际职业技能训练组织”（IVTO）。20 世纪 50 年代，西班牙和葡萄牙两国发起创立了“国际职业技能训练组织”，目的是感召青年人重视职业技能，引导社会和雇主重视职业技能培训，并通过举办世界性的竞赛来实现目的。后来，在“国际职业技能训练组织”50 周年会员大会上，“国际职业技能训练组织”易名为“世界技能组织”。

世界技能大赛标志如图 5-1 所示。在 2017 年结束的第 44 届世界技能大赛上，中国队参加了“糖艺 / 西点制作”“烘焙”项目比赛，在“烘焙”这个欧洲人占有绝对优势的项目里，中国队成功夺冠。

图 5-1 世界技能大赛标志

二、成本计算

1. 成本的定义

企业的竞争主要是价格和质量的竞争，而价格竞争归根到底是成本竞争。成本属于商品经济的价值范畴，是商品价值的组成部分。企业为进行生产经营活动，必须耗费一定的资源（人力、物力和财力），其所耗费资源的货币表现称为成本。

由于各行业的生产特点不同，成本在实际内容上存在较大的差异，成本核算的方法及内容也存在较大差异。旅游、餐饮服务及焙烤食品生产企业的成本核算内容也有较大的差异。根据国家会计制度的规定，旅游服务行业与食品制作行业的成本核算制度不同。例如，餐饮行业的成本核算为主料、辅料、调料，而燃料、工资、其他费用等，根据现行会计制度规定列入“营业性费用”，不计入制品的成本；制造企业成本核算包括耗用原材料、燃料和动力、工资、车间经费及应摊的企业管理费。

2. 原材料成本计算

西式面点具有种类繁多及数量零星的特点，因此在实际工作中，如果按每一个产品核算其单位成本，成本计算的工作将十分繁重。为了减轻成本计算的工作量，西式面点的成本通常按全部或大类计算。其总成本的计算与结转可分别采用“永续盘存法”和“实地盘存法”。

实地盘存法是按照实际盘存原材料的数额，倒求本期已销产品所消耗原材料成本的一种方法。采用这种方法，平时领用原材料时，不办理领料的核算手续，也不作领料的账务处理。月终，通过盘点库存原材料和已领未用的原材料，计算出月末原材料的实际结存额，即采用“以存计耗”倒求成本的方法。这种方法一般适用于小型的企业。

3. 单一产品成本

由于产品加工制作有单件制作和成批制作两种类型，因此单一产品成本计算方法也有两种：一种是单件制作的单一产品成本计算，另一种是批量制作的单一产品成本计算。

（1）单件制作的单一产品成本计算公式

$$\text{单一产品原料成本} = \text{主料成本} + \text{辅料成本}$$

（2）批量制作的单一产品成本计算公式

$$\text{单位产品成本} = \frac{\text{本批产品所耗用的原料总成本}}{\text{产品数量}}$$

4. 烘焙计算

西式面点产品种类繁多，制作配方不尽相同，需要用各种烘焙计算方法来换算配料重量，以此来满足生产的需要。

西式面点中主要的烘焙计算方法有实际百分比法与烘焙百分比法。

实际百分比法是一种传统的烘焙计算方式，以配方中各材料总重量之和为100%，再分别计算各材料占总量的百分比。实际百分比的计算公式如下：

$$实际百分比(\%)=\frac{材料重量}{配方材料总重量}\times 100\%$$

烘焙百分比是烘焙行业的一个术语，广泛应用于产品配方。烘焙百分比是以配方中面粉重量（或最大量）为100%，推算其他材料相对于面粉重量的百分比，这种百分比的总量超过100%。烘焙百分比的计算公式如下：

$$烘焙百分比(\%)=\frac{材料重量}{面粉重量}\times 100\%$$

根据产品配方中各材料的重量，换算成烘焙百分比或实际百分比，其表达方式见表5-1。

表 5-1 烘焙计算

项目	原料名称	重量（g）	烘焙百分比	实际百分比
坯料	低筋面粉	1 000	100.00 %	28.09 %
	鸡蛋	1 000	100.00 %	28.09 %
	白砂糖	800	80.00 %	22.47 %
	牛奶	600	60.00 %	16.85 %
	咖啡粉	40	4.00 %	1.12 %
	色拉油	120	12.00 %	3.38 %
	合计	3 560	356.00 %	100.00 %

在实际工作中，会遇到烘烤损耗、发酵损耗及面包面团搅拌中加冰水等因素的影响。在计算面团总量时，应该考虑各种因素，以免造成面坯总量或产品重量不足。

第二篇

实务篇

模块一 混酥类糕点制作

学习目标

掌握混酥类糕点的概念及主要原材料的种类。

掌握混酥类糕点制作的工器具种类及使用方法。

掌握混酥类糕点制作的面团搅拌、成形和成熟工艺及方法。

混酥类面团是用油脂、面粉、鸡蛋、糖、盐等主要原料调制而成的酥性面团。混酥类糕点以此为基础面团，配以各种辅料、馅料，通过成形的变化、烘烤温度的控制、不同材料的装饰等工艺制成甜、咸口味的点心。其面坯无层次，产品具有酥、松、脆等特点。

混酥类面团可制成塔类、排类、派类干点，也可加工成小型茶点、曲奇等饼干类糕点。

塔、排、派是以混酥类面团为坯料，借助模具，通过制坯、烘烤、装饰等工艺而制成的内盛水果或馅料的一类点心，其形状因模具不同或制作方法而异。其口味有甜、咸两种，外形有单层面坯和双层面坯之分。

一、混酥类面团调制

1. 主要原料

低筋粉（蛋糕粉）、糖粉、油脂、鸡蛋。

2. 混酥类面团调制的方法

手工调制或机器调制。

3. 混酥类面团调制的设备及工具

（1）调制混酥类面团的设备。调制混酥类面团可用搅拌机。搅拌机有多功能落地式、多功能台式。搅打鸡蛋、鲜奶油使用台式搅拌机。

（2）调制混酥类面团的工具包括刮板、刮刀、喷火枪。

4. 混酥类面团调制的工艺方法

（1）糖、油搅拌面团

① 糖粉和油脂混合

② 分次加入蛋液

③ 加入过筛的面粉

④ 冷藏松弛待用

⑤ 成形

⑥ 烘烤成熟

（2）粉、油搅拌面团

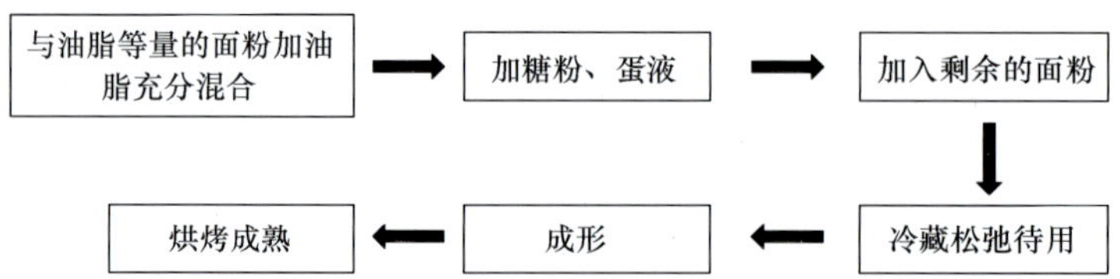

5. 混酥类面团的调制原理

（1）混酥类面团的酥松性。这主要是由面团中的面粉、油脂等原料的性质所决定的。油脂是一种具有一定黏性和表面张力的胶性物质，当油脂与面粉有机结合时，面粉的颗粒被油脂包围，并牢牢黏结在一起，使面粉颗粒之间形成了一层油脂膜。这层油脂膜紧紧黏附在面粉颗粒的表面，使面坯中的面粉蛋白质不能吸水形成面筋网络。所以这种面坯较其他面坯松散，没有黏度和张力。

（2）混酥类面团的酥松性。由于混酥类面团的面粉颗粒被油脂所包围，颗粒与颗粒之间随着搅拌距离加大，充满了空气。在烘烤时，面团中的空气受热膨胀，产品由此而产生酥松性。

6. 混酥类面团调制的基本操作手法

（1）和面的定义。和面是将粉料与液体配料或其他辅料掺和在一起，揉制成面团的过程。它是整个点心制作工艺中最初的一道工序，也是一个重要的环节。和面的好坏直接影响成品的质量和西点制作工艺能否顺利进行。

（2）和面的基本要领

1）掌握液体配料与粉料的比例。

2）根据面团性质，选用面筋质含量不同的面粉，采用不同的操作手法。

3）和面时，动作要迅速、干净利落，使面粉与配料混合均匀，不夹粉粒。

（3）和面的方法。和面一般可分为折翻、推揉、折翻加推揉、拌加折翻四种方法。

二、混酥类塔、排、派生坯成形

1. 塔、排、派生坯成形设备

压面机又称开面机、酥皮机等，一般有台式和立式两种。压面机的功能是将揉制好的面团通过压辊之间的间隙，压成所需厚度的坯料，以便进一步加工。混酥面坯也可用压面机擀制。

2. 塔、排、派生坯成形工具和模具

（1）工具包括擀面杖、轮刀、针车轮等。

（2）模具包括各色塔模、派盘等。

3. 塔、排、派生坯成形方法

手工成形、机器成形。

三、混酥类塔、排、派生坯成熟

1. 塔、排、派成熟的工艺方法

（1）塔、排、派的一次烘烤成熟。第一层面坯铺入后，添加馅料，然后直接烘烤，或覆盖第二层面坯后进行烘烤。

（2）塔、排、派的二次烘烤成熟。面坯铺入模具后，先进行烘烤，取出冷却后再添加馅料，覆盖第二层面坯，再进行第二次烘烤。

2. 影响塔、排、派制品成熟的主要因素

影响制品成熟的因素主要有两方面：烘烤温度和烘烤时间。

（1）烘烤温度对塔、排、派制品成熟的影响。混酥制品在烘烤过程中，烤炉的温度对成品的质量影响很大。在通常情况下，混酥类制品烘烤一般用 180℃左右的炉温。但由于混酥类制品品种繁多，大小、厚薄各不相同，因此所用的烤炉温度也就有所差异。

由于各类塔、排、派产品内部原料的不同，组织密度和比重也不相同，因而热能吸收和水分散发的快慢也不相同，这就使得烘烤时的温度要灵活掌握。

（2）烘烤时间对塔、排、派制品成熟的影响。烘烤时间长短，也是决定混酥类制品成熟的重要因素。一般情况下，烤炉的温度高些，烘烤所需的时间就相对短些；温度低些，所需的时间就相对长些。在实际情况中，要根据品种灵活掌握。例如，烘烤有馅料的双层排时，烘烤时间要相对长一些；烘烤饼干时，烘烤时间要相对短一些。在实际生产中，要根据混酥类制品的体积大小、厚薄、内部原料组织构成等因素合理调节烤炉上下火的温度以及烘烤时间，以确保产品的质量。

四、混酥类面团制作注意事项

1. 成品制作应选用中筋粉或低筋粉，使用前面粉必须过筛。

2. 蛋液分次加入。

3. 用机器搅打面团选用扁平状打蛋器。搅拌机使用后，应及时切断电源。

4. 手工调制面团可用折翻等方法。

5. 调制好的混酥类面团可放入冰箱备用。

6. 擀制混酥类面团时，面坯厚薄要均匀。以高筋粉为撒手粉为宜。

7. 混酥类面团在切割时，动作要轻柔准确，一次到位，需要时可放入冰箱冷却后再成形。

8. 切割后的面坯要用牙签或竹签戳小孔。

9. 派在两次烘烤成形时，可将豆类或米粒放在垫纸上，以免派皮收缩。

10. 应根据产品的要求和特点，灵活掌握烘烤的温度和时间。

11. 需要烤后装饰的塔、排、派制品，要待冷却后再进行装饰，尤其要注意食品卫生。

● 制作实例 ●

核桃塔

1. 原料配方

项目	原材料名称	烘焙百分比
坯料	低筋粉	100.00%
	黄油	60.00%
	糖粉	40.00%
	鸡蛋	20.00%
	奶粉	4.00%
	盐	0.50%
馅料	核桃仁	100.00%
	白砂糖	100.00%
	蛋清	65.00%
	葡萄干	4.00%
覆面	蛋黄	100.00%
	白砂糖	5.00%
	鸡蛋	5.00%

2. 制作条件

烘烤：上火温度 150℃、下火温度 190℃，时间 25 min。

3. 操作步骤

① 糖粉、黄油搅打起发后加入蛋液

② 拌入低筋粉、奶粉、盐成面团

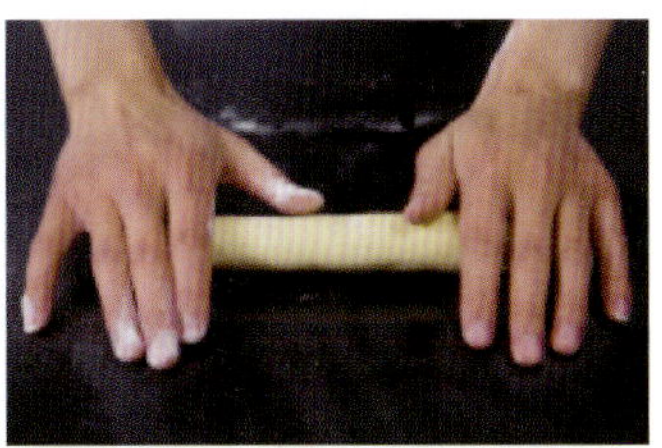
③ 将面团搓成长条圆柱形

④ 将面坯切割成六等份

⑤ 塔模放纸托

⑥ 面坯擀薄后置于塔模内

⑦ 将面坯切割整形备用

⑧ 将馅料混合均匀

⑨ 馅料入模

⑩ 白砂糖、蛋液打发

⑪ 裱挤至馅料表面

⑫ 入炉烘烤成熟

4. 小贴士

（1）混酥类面团成形时，使用的撒手粉以高筋粉为宜，因为高筋粉不易沾手。尽量少加干粉，否则面团不光滑，易出现龟裂状，烘烤时制品也不易上色。

（2）混酥类面团在切割时，动作要轻柔准确，一次到位，保证产品形态的美观、完整。在成形时，动作要快、灵活、干净利落。整形的时间不宜过长，否则混酥面坯在操作温度高时极易变软，将影响操作。

5. 质量标准

金黄色，大小均匀，美观端正，底坯酥松，馅香脆。

柠檬塔

1. 原料配方

项目	原材料名称	烘焙百分比
坯料	低筋粉	100.00%
	黄油	60.00%
	糖粉	40.00%
	鸡蛋	20.00%
	奶粉	4.00%
	盐	0.50%
馅料	玉米粉	10.00%
	白砂糖	55.00%
	牛奶	68.00%
	黄油	14.00%
	蛋黄	15.00%
	柠檬汁	20.00%
装饰	柠檬及其他水果	适量

2. 制作条件

烘烤：上火温度 180℃、下火温度 170℃，时间 13 min。

3. 操作步骤

① 糖粉、黄油搅打起发后加入蛋液

② 拌入低筋粉、奶粉、盐成面团

③ 将面坯切割成六等份

④ 面团擀制成圆形面坯

⑤ 面坯入塔模整形

⑥ 面坯切割整形备用

⑦ 用竹签在坯底戳小孔

⑧ 面坯入炉烘烤成熟备用

⑨ 将馅料放入锅中混合

⑩ 将馅料加热调制至稠厚

⑪ 挤入柠檬汁

⑫ 馅料袋挤入模

⑬ 用柠檬及其他水果进行表面装饰

4. 小贴士

（1）混酥类面团在切割时，动作要轻柔准确，一次到位，保证产品形态的美观、完整。在成形时，动作要快、灵活、干净利落。整形的时间不宜过长，否则混酥面坯在操作温度高时极易变软，将影响操作。

（2）切割后的面坯要用牙签或竹签戳小孔，防止面坯烘烤膨发时产生气泡。成形结束，需松弛或在放入冰箱冷藏后再烘烤。

5. 质量标准

淡黄色，柠檬味，酸甜适中，嫩滑。

栗子塔

1. 原料配方

项目	原材料名称	烘焙百分比
坯料	低筋粉	100.00%
	黄油	60.00%
	糖粉	40.00%
	鸡蛋	20.00%
	奶粉	4.00%
	盐	0.50%
馅料	栗子泥	100.00%
	植脂奶油	100.00%
装饰	鲜水果	适量

2. 制作条件

烘烤：上火温度 180℃、下火温度 170℃，时间 13 min。

3. 操作步骤

1 糖粉、黄油搅打起发后加入蛋液

2 拌入低筋粉、奶粉、盐成面团

3 面坯切割成六等份

4 面团擀制成圆形面坯

5 面坯入塔模整形

6 面坯切割整形备用

7 用竹签在坯底戳小孔

8 面坯入炉烘烤成熟备用

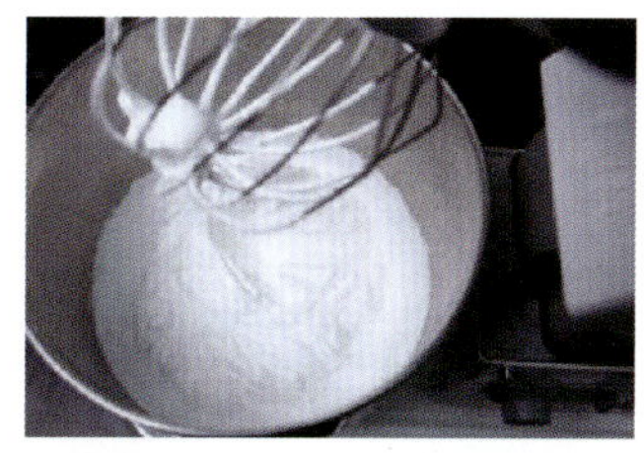
9 植脂奶油快速打发

10 拌入栗子泥混合均匀

11 馅料裱挤入模并装饰造型

12 鲜水果装饰

4. 小贴士

（1）混酥类面团在切割时，动作要轻柔准确，一次到位，保证产品形态的美观、完整。在成形时，动作要快、灵活、干净利落。整形的时间不宜过长，否则混酥面坯在操作温度高时极易变软，将影响操作。

（2）切割后的面坯要用牙签或竹签戳小孔，防止面坯烘烤膨发时产生气泡。成形结束，需松弛或放入冰箱冷藏后再烘烤。

5. 质量标准

栗子色，栗子味，形状美观，口感香甜、润滑。

椰丝排

1. 原料配方

项目	原材料名称	烘焙百分比
坯料	低筋粉	100.00%
	黄油	60.00%
	糖粉	40.00%
	鸡蛋	20.00%
	奶粉	4.00%
	盐	0.50%
馅料	椰丝	100.00%
	蛋清	60.00%
	白砂糖	84.00%
	盐	2.00%

2. 制作条件

烘烤：上火温度 190℃、下火温度 180℃，时间 25 min。

3. 操作步骤

1 糖粉、黄油搅打起发后加入蛋液

2 拌入低筋粉、奶粉、盐成面团

3 将面团擀制成标准尺寸

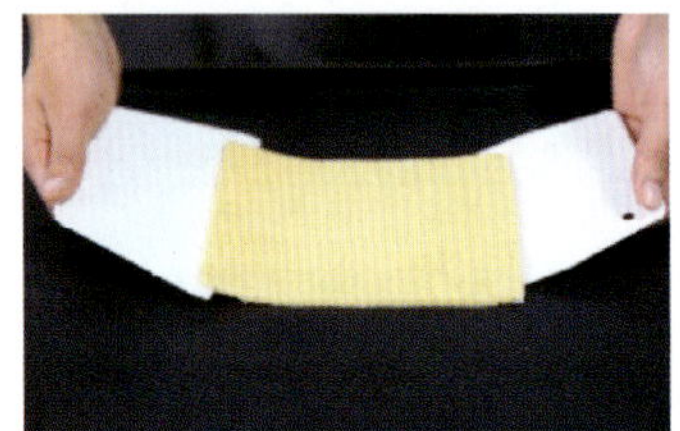
4 面坯装入烤盘

5 蛋清、白砂糖搅打至微发

6 拌入椰丝、盐成膏状

7 将馅料平铺于坯料表面，整形平整

8 划线分割成六等份

9 放入烤箱烘烤成熟出炉

10 切割成长方形

4. 小贴士

（1）擀制混酥类面团时，桌面要平整，用力要均匀，保证面坯厚薄均匀。应做到一次擀平，并立即成形。

（2）混酥类面团成形时，使用的撒手粉以高筋粉为宜，因为高筋粉不易沾手。尽量少加干粉，否则面团不光滑，易出现龟裂状，烘烤时制品也不易上色。

（3）混酥类面团在切割时，动作要轻柔准确，一次到位，保证产品形态的美观、完整。在成形时，动作要快、灵活、干净利落。整形时间不宜过长，否则混酥面坯在操作温度高时极易变软，将影响操作。

5. 质量标准

大小、厚薄一致，椰香味，甜度适中，底坯酥松。

奶黄排

1. 原料配方

项目	原材料名称	烘焙百分比
坯料	低筋粉	100.00%
	黄油	60.00%
	糖粉	40.00%
	鸡蛋	20.00%
	奶粉	4.00%
	盐	0.50%
馅料	牛奶	100.00%
	玉米粉	20.00%
	白砂糖	40.00%
	蛋液	80.00%
	黄油	6.00%
	盐	0.30%

2. 制作条件

烘烤：上火温度 180℃、下火温度 170℃，时间 20 min。

3. 操作步骤

1 糖粉、黄油搅打起发后加入蛋液

2 拌入低筋粉、奶粉、盐成面团

3 部分面团按需擀制成长方形面坯

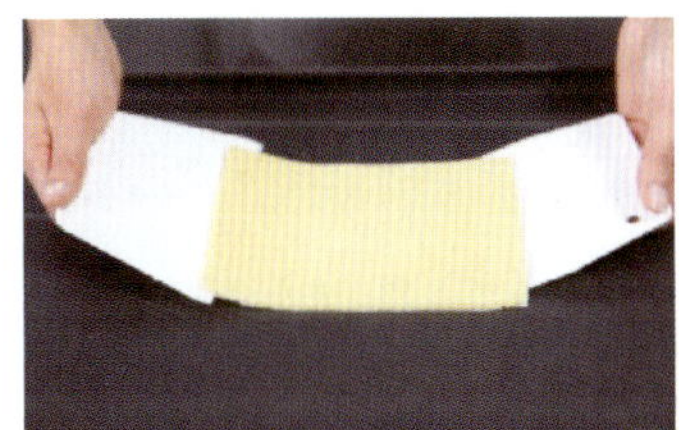

4 面坯装入烤盘

5 将馅料加热调制成蛋黄酱

6 馅料装入裱花袋

7 蛋黄酱裱挤成条状置于底坯上

8 另一部分面团擀制成薄片，切割成条状

9 条坯铺于表面成网状

10 切割边角并整形

11 生坯表面刷蛋液

12 入炉烘烤成熟

4. 小贴士

（1）烘烤有馅料的双层排时，出炉前要检查产品底部是否成熟，必要时可在产品表面盖一层不沾布或关掉上火。

（2）双层排成形时，两片面坯要覆盖整齐。在面坯两层之间的两面刷蛋液。覆盖第二层面坯时需压紧，避免烘烤后两层之间分开。

5. 质量标准

大小、厚薄一致，奶香味，甜度适中，底坯酥松。

花生排

1. 原料配方

项目	原材料名称	烘焙百分比
坯料	低筋粉	100.00%
	糖粉	50.00%
	黄油	60.00%
	盐	0.47%
馅料	花生仁	100.00%
	白砂糖	47.60%
	蛋清	71.00%

2. 制作条件

第一次烘烤：上火温度 180℃、下火温度 170℃，时间 10 min。

第二次烘烤：上火温度 150℃、下火温度 150℃，时间 25 min。

3. 操作步骤

1 糖粉、黄油搅打起发

2 拌入低筋粉、盐成面团

3 部分面团搓成圆柱形

4 面坯擀制成标准尺寸的长方形面坯

5 另一部分面团搓成细长条

6 长方形面坯边缘刷蛋液

7 细条面坯切割围边

8 用竹签在底坯上戳小孔

9 面坯烘烤至七成熟备用

10 白砂糖、蛋清用中火加热，同时拌入花生仁

11 将馅料搅拌均匀

12 馅料均匀平铺于排底

13 入炉烘烤

14 将成熟的花生排切割成形

4. 小贴士

（1）检查有馅料的混酥类产品是否成熟时，首先要看产品底部的成熟程度，然后决定是否可以出炉。

（2）烘烤有馅料的双层排必要时可在产品表面盖一层不沾布或关掉上火。

（3）如果产品需要进行两次烘烤成熟，第一次底坯烤至七八成熟即可，第二次烘烤的底火可降低 20℃左右。

5. 质量标准

大小、厚薄均匀，花生味、香脆，甜度适中，底坯酥松。

苹果派

1. 原料配方

项目	原材料名称	烘焙百分比
坯料	低筋粉	100.00%
	黄油	60.00%
	糖粉	40.00%
	鸡蛋	20.00%
	奶粉	4.00%
	盐	0.50%
馅料	苹果	100.00%
	白砂糖	50.00%
	水	20.00%
	提子	7.50%
	玉米粉	7.50%
	水	10.00%
	玉桂粉	0.50%
	黄油	5.00%
	朗姆酒	4.00%

2. 制作条件

烘烤：上火温度 180℃、下火温度 170℃，20 min。

3. 操作步骤

① 糖粉、黄油搅打起发后加入蛋液

② 拌入低筋粉、奶粉、盐成面团

③ 部分面坯擀制成圆形薄坯

④ 面坯装入模具

⑤ 面坯在模具内整形

⑥ 切割面坯边角料

⑦ 用竹签在派底戳小孔

⑧ 入炉烘烤至七成熟备用

⑨ 苹果去皮、切丁

⑩ 苹果丁及其他干馅料混合拌匀

⑪ 馅料加热后用玉米粉及水拌匀勾芡

⑫ 另一部分面团擀制并切割成条铺于派表面成网状

⑬ 馅料平铺派内并整形均匀

⑭ 切割边角料后表面刷蛋液

⑮ 面坯入烤箱烘烤成熟

⑯ 热脱模

4. 小贴士

（1）检查有馅料的混酥类产品是否成熟时，首先要看产品底部的成熟程度，然后决定是否可以出炉。

（2）烘烤有馅料的双层派必要时可在产品表面盖一层不沾布或关掉上火。

（3）如果产品需要进行两次烘烤成熟，第一次底坯烤至七八成熟即可，第二次烘烤的底火可降低 10℃左右。

5. 质量标准

圆形，苹果味，酸甜适中，底坯酥松。

南瓜派

1. 原料配方

项目	原材料名称	烘焙百分比
坯料	低筋粉	100.00%
	黄油	52.00%
	糖粉	32.00%
	鸡蛋	24.00%
馅料	南瓜	100.00%
	牛奶	38.00%
	黄糖	38.00%
	盐	0.76%
	玉米淀粉	11.50%
	水	23.00%

2. 制作条件

烘烤：上火温度 180℃、下火温度 170℃，时间 20 min。

3. 操作步骤

① 糖粉、黄油搅打起发后加入蛋液

② 拌入低筋粉成面团

③ 将部分面团擀制成圆形薄坯

④ 面坯装入模具

⑤ 切割面坯边角料

⑥ 南瓜切丁

⑦ 用竹签在派底戳小孔

⑧ 入炉烘烤至七成熟备用

⑨ 按配方将馅料调制成熟南瓜泥

⑩ 馅料放入派底并整形

⑪ 入烤箱烘烤成熟

⑫ 热脱模

⑬ 用糖粉装饰南瓜派表面

4. 小贴士

（1）检查有馅料的混酥类产品是否成熟时，首先要看产品底部的成熟程度，然后决定是否可以出炉。

（2）烘烤有馅料的双层派必要时可在产品表面盖一层不沾布或关掉上火。

（3）如果产品需要进行两次烘烤成熟，第一次底坯烤至七八成熟即可，第二次烘烤的底火可降低 10℃左右。

（4）需要烤后装饰的塔、排、派产品，要冷却后再进行装饰，尤其要注意食品卫生。

5. 质量标准

金黄色，圆形，南瓜味，香甜适中，底坯酥松。

核桃派

1. 原料配方

项目	原材料名称	烘焙百分比
坯料	低筋粉	100.00%
	黄油	60.00%
	糖粉	40.00%
	鸡蛋	20.00%
	奶粉	4.00%
	盐	0.50%
馅料	核桃仁	100.00%
	白砂糖	100.00%
	麦芽糖	100.00%
	鸡蛋	166.00%

2. 制作条件

烘烤：上火温度 180℃、下火温度 170℃，时间 20 min。

3. 操作步骤

① 糖粉、黄油搅打起发后加入蛋液

② 拌入低筋粉、奶粉、盐成面团

③ 部分面团擀制成圆形薄坯

④ 面坯装入模具

⑤ 切割面坯边角料

⑥ 用竹签在派底戳小孔

⑦ 入炉烘烤至七成熟备用

⑧ 白砂糖、麦芽糖、鸡蛋隔水加热

⑨ 核桃仁切碎与馅料拌匀

⑩ 馅料置派底后整形

⑪ 入炉烘烤成熟

⑫ 热脱模

4. 小贴士

（1）擀制混酥类面团时，桌面要平整，用力要均匀，保证面坯厚薄均匀。应做到一次擀平，并立即成形。

（2）混酥类面团成形时，使用的撒手粉以高筋粉为宜，因为高筋粉不易沾手。尽量少加干粉，否则面团不光滑，易出现龟裂状，烘烤时制品也不易上色。

（3）如果产品需要进行两次烘烤成熟，第一次底坯烤至七八成熟即可。

5. 质量标准

棕黄色，端正美观，香甜适中，底坯酥松。

模块二　混酥类饼干制作

学习目标

掌握混酥类饼干的概念及主要原材料的种类。
掌握混酥类饼干制作的工器具种类及使用方法。
掌握混酥类饼干制作的面团搅拌、成形和成熟工艺及方法。

混酥类饼干是西式面点中最常见的品种之一，重量一般为15 g左右，有甜、咸、复合味等多种口味。可在面坯中加入抹茶粉、可可粉、咖啡、巧克力豆、坚果、杂粮等，也可在表面嵌入坚果、撒上芝士等制成各种风味的饼干。混酥类饼干一般适用于酒会、茶点或餐后食用。

一、混酥类饼干的成团方法

混酥类饼干的调制方法与混酥类面团的调制方法相同，可采用糖、油搅拌法和粉、油搅拌法，面团的成团方法也可用机械成团与手工成团两种。

二、混酥类饼干成形的方法

1. 直接成形

将面坯或面糊调制后直接成形，加工成产品。调制好的面糊可用裱挤法制作成曲奇类饼干，如巧克力曲奇、奶油曲奇、咸味曲奇等。面坯则可用手压制成饼干，如麦片饼干等。

2. 冷冻成形

调制好的面坯放在冰箱冷冻后，再加工成所需的形状。面坯成形可用压制、刻制、切割等方法制作成饼干，如乳酪饼干、杏仁饼干等。

三、饼干生坯成形的手法

1. 裱挤法

把调制好的饼干面糊装入放有裱花嘴的裱花袋中，直接挤到烤盘上，然后进行烘烤成熟。利用不同的裱花嘴，裱挤成不同花纹、形状和大小的饼干，具有简洁实用、成形速度快的特点。裱挤法是饼干成形常用的方法。

2. 压制法

将搅拌好的饼干面坯分割、搓圆，用手或工具、餐具压制成形。

3. 压模刻制法

将调制好的饼干面坯压平，放入冰箱冷冻数小时后，再继续擀平，压模刻制。

4. 卷制切割法

卷制切割法也称为二次成形法，是将调制好的饼干面坯压平，放入不锈钢方盘内，放进冰箱冷藏，取出后调制成微软的面坯，搓条，用纸进行卷制定型，再冷冻后切割成形。

5. 复合法

两种以上不同口味或颜色的面坯，可采用多种方法制作成形状各异的饼干，制作工艺较为复杂。

四、混酥类饼干生坯成熟

1. 饼干成熟的方法

平炉烘烤、转炉烘烤、隧道炉烘烤。

2. 影响饼干成熟的主要因素

（1）烘烤温度。饼干烘烤时的温度，受饼干重量、大小、配方中原料的性质，以及放入烤箱内饼干的多少等多方面因素的影响。一般饼干类制品糖的比例较高，糖在受热过程中产生焦化作用，使产品颜色变成金黄色。因此，烘烤时，应严格控制烘烤温度，过高的温度会使糖快速焦化，饼干着色加快，出现内部夹生、外部颜色过深的现象。

（2）烘烤时间。烘烤时间长短也是影响饼干成熟的重要因素。饼干面坯烘烤时间长，造成颜色过深，甚至出现焦煳现象；相反，烘烤时间短，内部未完全成熟，外表颜色过浅，也将影响饼干的品质。

五、混酥类饼干制作注意事项

1. 裱挤成形的饼干面糊裱挤时，用力应均匀，使之大小一致、厚薄均匀。

2. 刻模成形的饼干面坯刻制、切割成形前需要冷冻，冷冻取出后的饼干面坯要尽快加工制作。

3. 卷制成形饼干时，面坯粗细、切割刀距要均匀，使制品大小、厚薄均匀。

4. 放置在烤盘上的饼干面坯，互相之间要留出合适的距离。

5. 成形后的饼干面坯要尽快进行烘烤。

6. 根据饼干的性质、数量，合理选择烘烤的温度和时间。

7. 烘烤前期，烤箱的风门不要打开，后期可打开。

8. 烘烤成熟的饼干应在通风环境下自然冷却。

9. 饼干烘烤后，可用巧克力、风登糖、糖粉等装饰，用写、画、撒等方法进行表面装饰。

● 制作实例 ●

麦片饼干

1. 原料配方

项目	原材料名称	烘焙百分比
坯料	麦片	100.00%
	低筋粉	110.00%
	小苏打	3.00%
	黄油	130.00%
	黄糖	70.00%
	鸡蛋	50.00%

2. 制作条件

烘烤：上火温度 190℃、下火温度 160℃，时间 15 min。

3. 操作步骤

① 黄糖、黄油搅打起发

② 分次加入蛋液搅拌均匀

③ 拌入麦片等辅料

④ 加入面粉混合成面糊

⑤ 面糊装入裱花袋

⑥ 面糊裱挤成形

⑦ 成形的面坯入炉烘烤成熟

4. 小贴士

（1）裱挤面糊时，要用力均匀，使制品大小相同、厚薄均匀。裱挤成形时，动作要熟练，一气呵成，保持制品形态端正。

（2）裱挤制作成形的饼干，可选用合适的裱花嘴，用不同的动作使饼干形状多样。面糊内不能含有大颗粒原料，避免造成裱挤困难。

5. 质量标准

棕黄色，大小、厚薄均匀一致，香甜适中，口感酥松。

乳酪饼干

1. 原料配方

项目	原材料名称	烘焙百分比
坯料	低筋粉	100.00%
	黄油	65.00%
	糖粉	20.00%
	鸡蛋	20.00%
	奶粉	5.00%
	盐	0.40%
	硬质乳酪	30.00%

2. 制作条件

烘烤：上火温度 180℃、下火温度 170℃，时间 15 min。

3. 操作步骤

① 糖粉、黄油搅打起发

② 分次加入蛋液搅拌均匀

③ 拌入面粉翻拌成团

4 面坯搓成圆柱形

5 面坯用油纸卷制定型

6 面坯放入冰箱冷冻定型

7 面坯切割成均匀薄片

8 乳酪均匀地撒在面坯表面

9 入炉烘烤成熟

4. 小贴士

（1）饼干面坯刻制、切割成形前需冷冻：一是方便下一步加工成形；二是通过冷冻使面团内的面筋质得以松弛，使烘烤成熟后的产品产生酥松的口感。

（2）冷冻后取出的饼干面坯要尽快加工制作，防止时间过长，面坯变软后不易成形。

5. 质量标准

金黄色，大小、厚薄均匀一致，乳酪味，甜度适中，口感酥松。

杏仁饼干

1. 原料配方

项目	原材料名称	烘焙百分比
坯料	低筋粉	100.00%
	糖粉	50.00%
	鸡蛋	10.00%
	黄油	60.00%
	奶粉	5.00%
	杏仁粒	15.00%
	小苏打	2.00%

2. 制作条件

烘烤：上火温度 180℃、下火温度 170℃，时间 15 min。

3. 操作步骤

① 糖粉、黄油搅打起发

② 分次加入蛋液搅拌均匀

③ 拌入面粉、奶粉、小苏打翻拌成团

④ 面坯搓成圆柱形

⑤ 面坯用油纸卷制定型

⑥ 切割成厚薄均匀的面坯

⑦ 用杏仁片进行表面装饰

⑧ 入炉烘烤成熟

4. 小贴士

（1）饼干面坯刻制、切割成形前需冷冻：一是方便下一步加工成形；二是通过冷冻使面团内的面筋质得以松弛，使烘烤成熟后的产品产生酥松的口感。

（2）冷冻后取出的饼干面坯，要尽快加工制作，防止时间过长，面坯变软后不易成形。

5. 质量标准

金黄色，大小、厚薄均匀一致，杏仁味，甜度适中，口感酥松。

法式松饼

1. 原料配方

项目	原材料名称	烘焙百分比
坯料	低筋粉	100.00%
	黄油	36.00%
	糖粉	25.00%
	鸡蛋	27.00%
	葡萄干	2.60%
装饰	白砂糖	适量

2. 制作条件

烘烤：上火温度 180℃、下火温度 160℃，时间 15 min。

3. 操作步骤

① 黄油、糖粉搅拌松发

② 分次加入蛋液

③ 加入面粉混合均匀

4 拌入葡萄干

5 面团成形

6 面坯擀制成薄片

7 面坯表面用白砂糖覆面

8 面坯刻制成圆形

9 面坯置盘入炉烘烤

4. 小贴士

（1）应选用中筋粉或低筋粉。使用前面粉必须过筛，如果需要放入食品膨松剂，则一起过筛。

（2）饼干面坯刻制、切割成形前需冷冻：一是方便下一步加工成形；二是通过冷冻使面团内的面筋质得以松弛，使烘烤成熟后的产品产生酥松的口感。

5. 质量标准

表面金黄色，圆形，大小、厚薄均匀一致，奶香味，甜度适中，口感酥松。

巧克力曲奇

1. 原料配方

项目	原材料名称	烘焙百分比
坯料	低筋粉	100.00%
	黄油	70.00%
	糖粉	60.00%
	鸡蛋	20.00%
	奶粉	5.00%
	可可粉	4.00%

2. 制作条件

烘烤：上火温度 190℃、下火温度 170℃，时间 15min。

3. 操作步骤

① 黄油、糖粉搅拌松发

② 分次加入蛋液

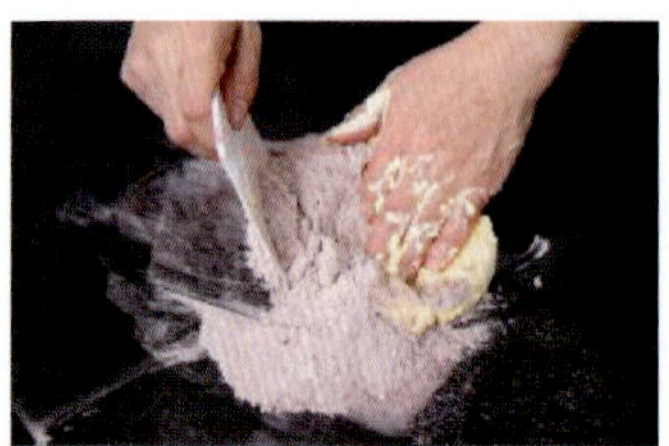

③ 拌入可可粉、奶粉、低筋粉成面糊

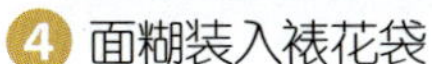
4 面糊装入裱花袋

5 面糊裱挤成 S 形面坯

6 面坯置盘入炉烘烤成熟

4. 小贴士

（1）裱挤面糊时，用力应均匀，使制品大小相同、厚薄均匀。裱挤成形时，动作要熟练，一气呵成，保持制品形态端正。

（2）裱挤制作成形的饼干，可选用合适的裱花嘴，用不同的动作使饼干形状多样。面糊内不能含有大颗粒原料，避免造成裱挤困难。

5. 质量标准

大小均匀，S 形花纹，巧克力味，甜度适中，口感松脆。

咸琪淋

1. 原料配方

项目	原材料名称	烘焙百分比
坯料	低筋粉	100.00%
	鸡蛋	20.00%
	糖粉	10.00%
	黄油	70.00%
	盐	1.50%

2. 制作条件

烘烤：上火温度 180℃、下火温度 170℃，时间 15 min。

3. 操作步骤

① 黄油、糖粉搅拌松发

② 分次加入蛋液搅拌均匀

③ 拌入低筋粉，盐折翻混合成面糊

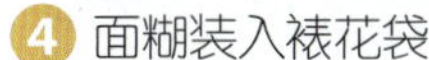
4 面糊装入裱花袋

5 裱挤面糊成一字形

6 面糊均匀裱挤在烤盘内

7 面坯入炉烘烤成熟

4. 小贴士

（1）裱挤面糊时，用力应均匀，使制品大小相同、厚薄均匀。裱挤成形时，动作要熟练，一气呵成，保持制品形态端正。

（2）裱挤制作成形的饼干，可选用合适的裱花嘴，用不同的动作使饼干形状多样。面糊内不能含有大颗粒原料，避免造成裱挤困难。

5. 质量标准

大小均匀，条状，咸味微甜，口感酥松。

模块三　面包制作

学习目标

掌握面包发酵的基本原理。
掌握软质面包制作的原材料种类及使用方法。
掌握软质面包制作的工器具种类及使用方法。
掌握软质面包制作的面团搅拌、成形和成熟工艺及方法。

面包是以小麦粉等粮食作物为基本原料，再加入水、盐、酵母等制成面团坯料，然后再以烘、烤、炸等方式加热制成的食品。

根据面团中原料种类的不同及制作工艺的差异，面包一般分为软质面包、硬质面包、脆皮面包、酥性面包等。

面包面团的调制工艺有很多，较为常用的工艺方法有直接发酵法、中种发酵法、快速发酵法、烫种发酵法、酸种发酵法等。

一、直接发酵法

直接发酵法又称一次发酵法，是将所有制作面包的原料一次性调制成面团，然后进行一次发酵的制作工艺方法。

直接发酵法适应各种品种和原料的需要。

面团搅拌过程是物理效应与化学效应的结合，在发生物理变化的同时，也产生化学变化。

面包面团搅拌分为原料混合阶段、面筋形成阶段、面筋扩展阶段、搅拌完成阶段。

二、软质面包制作

软质面包所用原料除面粉、水、酵母、盐外，还添加了鸡蛋、奶粉、白砂糖、油脂等，面团含水量稍多。软质面包要求形态漂亮，组织细腻。

软质面包的品种很多，基本上所有软质面包进炉后需要良好的焙烤弹性，故其配方中所使用的水分应较其他一般面包多一些，搅拌面团时也必须使面筋充分扩展，发酵时间必须适当。

1. 主要原料

软质面包制作的主要原料为面粉，一般会使用精制面包粉（高筋粉）。面筋蛋白质含量高的小麦粉加水调制后形成的湿面筋越多，面团的弹性和韧性越强，持气能力越大，能够包住更多的二氧化碳气体，使面包获得较大的体积。要制作细密均匀和筋道口感的面包，必须选用蛋白质含量多的高筋粉。

制作软质面包的酵母应选用高糖型酵母。高糖型酵母含有大量的蔗糖分解酶，而且酶的活性强。蔗糖分解成葡萄糖和果糖的能力强。高糖型酵母可以直接利用添加于面团中的白砂糖，发酵时间短，适合在含糖量 6% 以上的面团中使用。高糖型酵母对于高渗透压环境的耐受力强，因此可以广泛用于高糖、高盐（含盐 1% 以上）的面团中。

水同小麦粉一样，都是面包制作不可缺少的基本原料之一。各种不同性能的水，对面包制作有较大影响。面包生产用水必须符合国家饮用水标准。水中应有合理的营养物，来保证酵母的营养需求及增加面筋的韧性。面包生产用水应该使用 pH 值为 5 ~ 6 的偏酸性水。

2. 辅助原料

面包生产中除面粉、酵母和水为基本原料外，常添加白砂糖、油脂、乳制品、蛋品及适量食品添加剂。

糖具有很多理化性能，其中蔗糖具有典型的溶解性、结晶性和渗透性。面包制作中利用了蔗糖的发酵作用、焦化作用和褐变反应，使面包面团能够较快速发酵而膨胀，在烘烤时能产生焦糖而使面包上色。同样，面包在烘烤时会产生令人愉悦的特殊香味，也是面包特殊色、香、味的重要来源。

面包生产中常用的油脂有黄油、人造黄油、起酥油、花生油、橄榄油等。软质面包制作一般使用固体油脂。

乳品是软质面包生产的重要原料，面包生产中常用的乳品是牛奶、奶粉、炼乳、酸奶、干酪等。乳品在面包生产中能起提高面团吸水率的作用，也能起提高面团发酵耐力的作用。

软质面包面团中加入鸡蛋，鸡蛋蛋白质受热变性凝固，使面包内部质地变得酥松多孔，具有一定弹性的组织结构，这种作用称为起泡膨胀作用。

面包中面团改良剂主要是水质调节剂、酵母营养剂、面团物理性能调节剂、面团酸碱度调整剂等。

三、工艺流程

原料混合

搅拌成团

搓圆松弛

分割面团

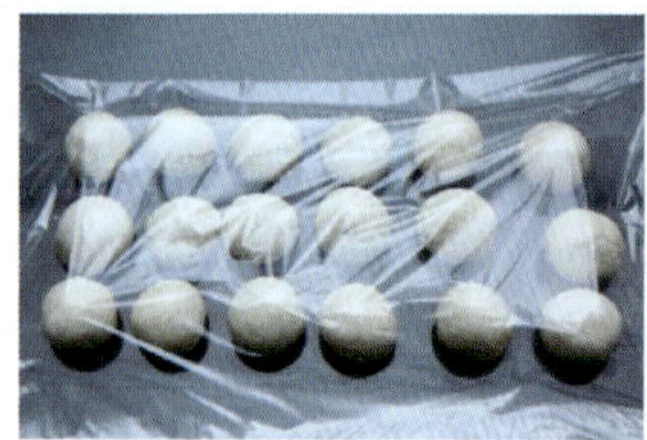
成团松弛

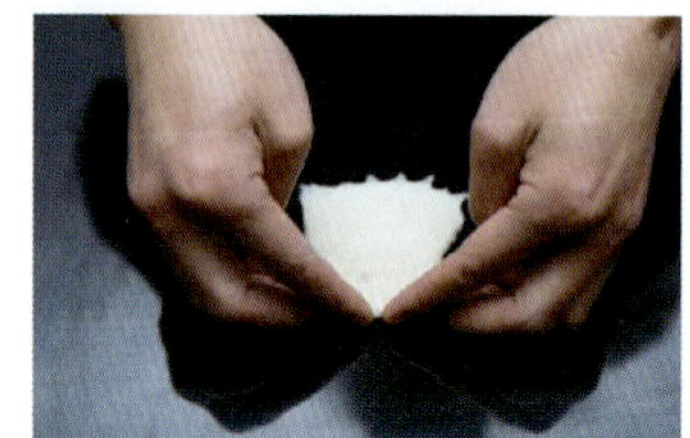
面团整形

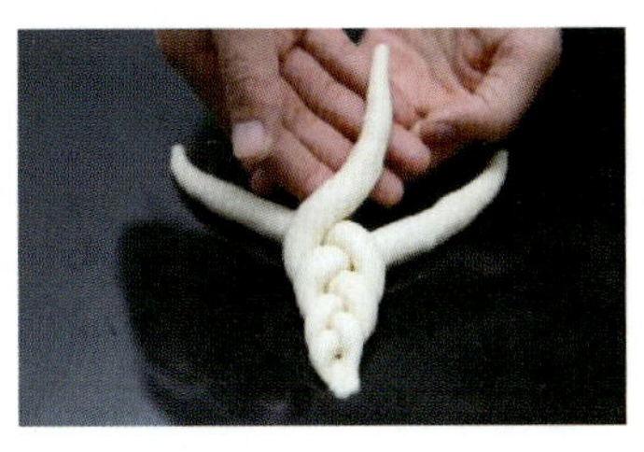

面团成形

面团造型

烘烤成熟

四、软质面包面团的原料基本配比

1. 原料组成和用量

一般软质面包制作以面粉、酵母、水、糖为主料，盐、油脂、奶粉、食品添加剂为辅料。

（1）酵母的用量一般为面粉重量的 1.5% ~ 2.0%。

（2）水的用量（包含鸡蛋的含水量）一般为面粉重量的 50% ~ 62%。

（3）盐的用量一般为面粉重量的 1.0% ~ 2.2%。

（4）糖的用量一般不超过面粉重量的 20.0%。

（5）面包改良剂使用量按国家标准确定。

2. 原料配比关系

在配制面包制作的各种原料时，要注意各种原料之间的相互影响作用。

盐的渗透压高，对酵母发酵的抑制作用较大，当盐的用量达到 2% 时，发酵即受影响。因此配制原料时，酵母不要与盐直接接触。

糖是酵母的营养剂，但可以被酵母直接采用的糖是葡萄糖，蔗糖则需要经过酵母中转化酶的作用分解为葡萄糖和果糖后，再为发酵提供能源。所以，糖的多少与酵母发酵有直接关系。制作甜软面包时，需注意高糖酵母与低糖酵母的选择。

添加奶粉能使面团增加吸水量，并且能使面团水化作用延缓，和面时间延长。一般每添加 1% 奶粉，面团的吸水量能增加 1%。

糖具有反水化作用，增加糖的用量，会延缓水化作用，面筋形成时间延长。每增加 5% 的糖，吸水量降低 1%。

五、注意事项

1. 注意控制面团搅拌的速度。面包面团的搅拌是通过机械动作使面筋扩展，成为有弹性和延伸性的面团，同时在搅拌过程中会产生摩擦热。面团过高的温度易造成面团过早发酵，使产品内部组织粗糙，因此应尽量用中、慢速搅拌面团。

2. 注意控制面团搅拌的时间。面团搅拌过度，充气过多，会破坏面筋网络结构，使成品内部组织粗糙；面团搅拌不足，面团持气能力差，面筋网络形成不足，成品体积小。搅拌时间的长短与面粉筋力强弱有关，筋力越高的面粉其耐搅拌性越好。一般在面团完成阶段停止和面。筋力较弱的面粉则最好在扩展阶段就停机。

3. 面包面团搅拌用的油脂应保持固体状态。固态的黄油或人造黄油能对发酵面团起润滑作用，使面包制品的体积膨大而酥松。

4. 面团分割时，需要考虑面坯在烘烤中的损耗。损耗一般为面坯重量的10%左右。

5. 面团成形时，应尽快完成工作，防止面团表面结皮。

6. 面团装盘时，应做到不同性质、不同大小的面坯不放在同一烤盘中。

7. 面团成形后，应将面团收口处朝下码放，以防烘烤时收口处开裂，影响成品的质量及外观。

8. 面团放入烤盘时，要疏密适当。若排放过密，面团醒发后会膨胀粘连；若排放过疏，面坯烘烤时受热面积增大，易造成表皮颜色不均。

9. 面包醒发时，要经常观察发酵箱玻璃门内的水珠状况，分析发酵箱的温度、湿度状况，并及时调整。

10. 不要经常打开发酵箱的门，防止水汽散失。

11. 要掌握先进先出的原则，防止面团醒发过度。

12. 面团醒发后取出烤盘时，要轻拿轻放，防止大的振动和碰撞导致面坯中气泡塌陷。

13. 软质面包在醒发过程中，应将烤炉调制到工艺所需温度进行预热，防止面团醒发完毕时炉温没有达到工艺要求。

14. 应了解软质面包的馅料及配料成分，不同的原料需要不同的烘烤温度。

15. 软质面包烘烤过程中，不要经常打开烤炉门，以防影响面包的质量。

16. 油炸面包时，油温掌控很重要，油温太高容易使面包急速焦黑，油温太低容易使面包吃油过多。

17. 油炸面坯忌用手拿，应用铲刀或刮刀，以防油炸面坯变形。

18. 油炸面包的面团一般不需充分发酵，只要发酵至八成即可。

• 制作实例 •

汉堡包

1. 原料配方

项目	原材料名称	烘焙百分比
面团	面包粉	100.00%
	白砂糖	12.00%
	干酵母（高糖型）	1.40%
	盐	1.50%
	面包改良剂	0.50%
	黄油	6.00%
	鸡蛋	10.00%
	水	50.0%
装饰	白芝麻	适量

2. 制作条件

醒发：温度 36℃、湿度 85%、时间 40 min。

烘烤：上火温度 200℃、下火温度 190℃，时间 12 min。

3. 操作步骤

① 原料按顺序投入搅拌机

② 用钩形搅拌器搅拌原料至面筋产生

③ 加入黄油，继续慢速搅拌

④ 搅打成完全的筋性面团

⑤ 将面团搓圆置桌面盖保鲜膜静置

⑥ 面团分割、称重

⑦ 面团揉圆

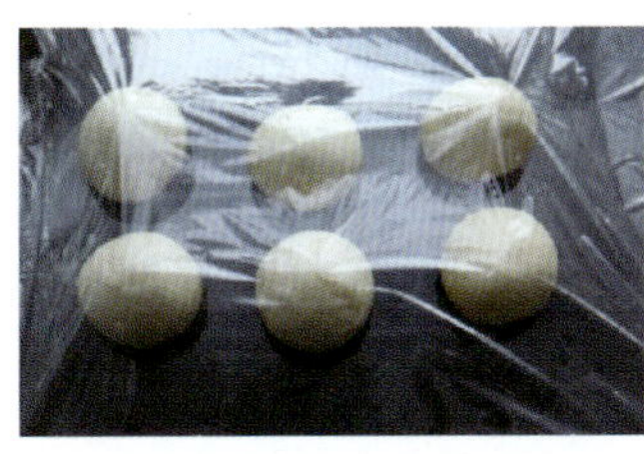

⑧ 面团表面覆盖保鲜膜静置

⑨ 取静置后的面团，手捏住底部整形

⑩ 面坯表面均匀粘白芝麻

⑪ 面坯置盘

⑫ 面坯入醒发箱醒发

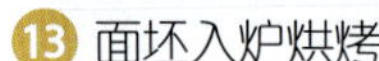
13 面坯入炉烘烤

14 烘烤成熟后取出

4. 小贴士

（1）中间醒发的目的是使面团在揉圆时受压的面筋得到恢复，使面团更具弹性及柔韧性。但松弛时间不能过长，否则会造成成品变形。

（2）面包醒发时，要经常观察发酵箱玻璃门内的水珠状况，分析发酵箱的温度、湿度状况，并及时调整。

（3）装饰料的使用量不宜过多，避免压挤面坯，影响成品质量。

5. 质量标准

色泽均匀、无焦色，圆形、大小均匀、端正饱满，入口松软、不粘牙。

面包糖纳兹

1. 原料配方

项目	原材料名称	烘焙百分比
面团	面包粉	100.00%
	白砂糖	15.00%
	干酵母（高糖型）	1.20%
	盐	1.50%
	面包改良剂	0.50%
	黄油	6.00%
	鸡蛋	10.00%
	水	50.00%
	奶粉	3.00%
装饰	糖粉	适量

2. 制作条件

醒发：温度 30℃、湿度 78%、时间 30 min。

油炸：油温 170℃，正面、反面各 1.5 min。

3. 操作步骤

1 原料按顺序投入搅拌机

2 用钩形搅拌器搅拌原料至面筋产生

3 加入黄油，继续慢速搅拌

4 搅打成完全的筋性面团

5 将面团搓圆置桌面盖保鲜膜静置

6 将面团分割、称重

7 将面团揉圆

8 在面团表面覆盖保鲜膜静置

9 面团擀制成圆形薄片

10 用模具刻压面坯

11 整形面坯

12 面坯置盘

⑬ 面坯入醒发箱醒发

⑭ 面坯放入已加热的油锅中油炸

⑮ 将面坯炸制两面金黄，内部成熟

⑯ 成熟面坯置盘冷却

⑰ 面坯表面均匀撒上糖粉装饰

4. 小贴士

（1）油锅温度掌控很重要，油温太高容易使面坯急速焦黑，油温太低容易使面坯吃油过多。

（2）油炸面包的面团一般不需充分发酵，只要发酵至七成即可。

（3）掌握好炸制时油和生坯的比例。炸制时油和生坯的比例主要根据生产量大小和火源强弱而确定。

（4）生坯下锅后，往往因数量较多而互相拥挤，使制品受热不均匀。要使制品受热均匀，制品下锅后翻动推搅，使其不互相粘连。

（5）制品冷却后撒糖粉。

5. 质量标准

色泽均匀、无焦色，圆形、大小均匀、端正饱满，入口松软、不粘牙。

豆沙面包

1. 原料配方

项目	原材料名称	烘焙百分比
面团	面包粉	100.00%
	白砂糖	18.00%
	干酵母（高糖型）	1.20%
	盐	1.20%
	面包改良剂	0.50%
	奶粉	3.00%
	黄油	10.00%
	鸡蛋	10.00%
	水	50.00%
馅料	豆沙	9.00%

2. 制作条件

醒发：温度 36℃、湿度 78%。

烘烤：上火温度 200℃、下火温度 180℃，时间 12 min。

3. 操作步骤

① 原料按顺序投入搅拌机

② 用钩形搅拌器搅拌原料至面筋产生

③ 加入黄油，继续慢速搅拌

④ 搅打成完全的筋性面团

⑤ 将面团搓圆置桌面盖保鲜膜静置

⑥ 面团分割、称重

⑦ 将面团揉圆

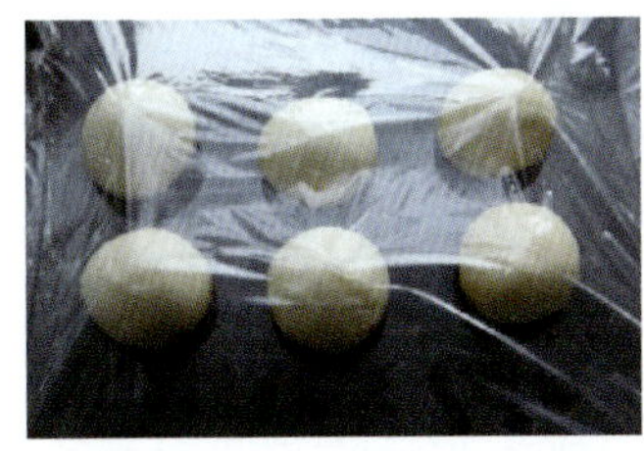
⑧ 面团表面覆盖保鲜膜静置

⑨ 豆沙搓成圆球形

⑩ 面团压扁并包裹豆沙

⑪ 包豆沙的面团收口，收口要紧密

⑫ 面坯压扁

⑬ 面坯擀制成长条薄片

⑭ 用薄刀将面坯表面割出斜口

⑮ 翻转面坯，使刀口朝下

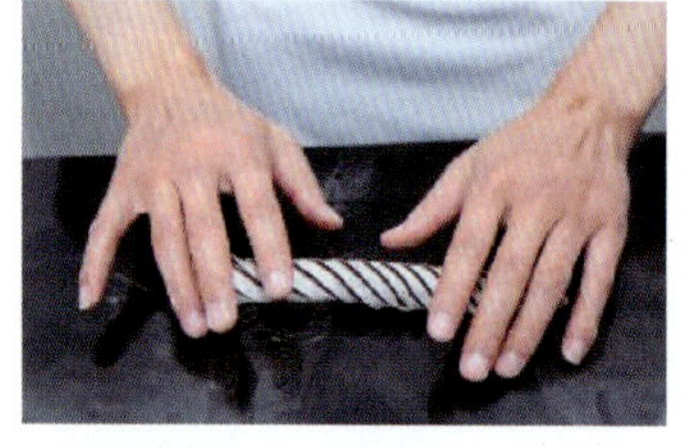
⑯ 双手将面坯卷制成筒状

⑰ 将面坯弯曲成马蹄形

⑱ 面坯置盘放入醒发箱醒发

⑲ 烤前刷蛋液

⑳ 放入烤箱烘烤

㉑ 烘烤成熟后取出

4. 小贴士

（1）面团成形时，应尽快完成工作，防止面团表面结皮。

（2）面团成形后，应将面团收口处朝下码放，以防烘烤时收口处开裂，影响成品的质量及外观。

（3）不要经常打开发酵箱的门，防止水汽散失。

（4）面团醒发后取出烤盘时，要轻拿轻放，防止大的振动和碰撞导致面坯中气泡塌陷。

5. 质量标准

色泽均匀、无焦色，大小均匀、端正饱满，入口松软、不粘牙。

辫子面包

1. 原料配方

项目	原材料名称	烘焙百分比
面团	面包粉	100.00%
	白砂糖	18.00%
	干酵母（高糖型）	1.20%
	盐	1.20%
	面包改良剂	0.50%
	奶粉	3.00%
	黄油	10.00%
	鸡蛋	10.00%
	水	50.00%

2. 制作条件

醒发：温度 36℃、湿度 78%、时间 40 min。

烘烤：上火温度 180℃、下火温度 175℃，时间 12 min。

3. 操作步骤

① 原料按顺序投入搅拌机

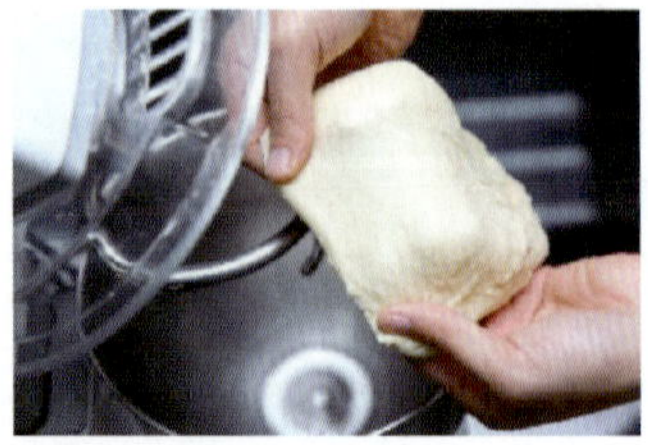

② 用钩形搅拌器搅拌原料至面筋产生

③ 加入黄油，继续慢速搅拌

④ 搅打成完全的筋性面团

⑤ 将面团搓圆置桌面盖保鲜膜静置

⑥ 面团分割、称重

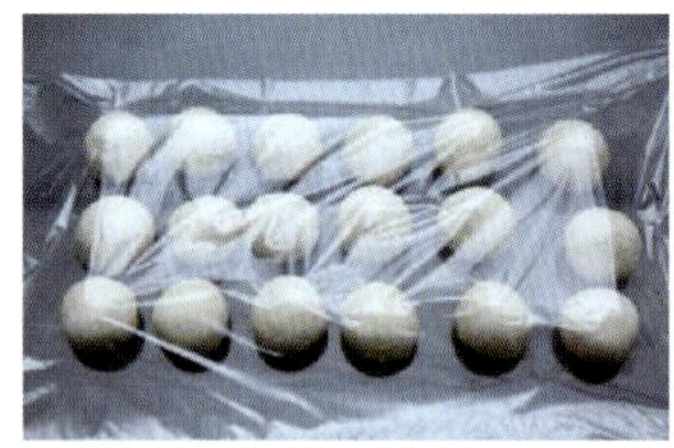

⑦ 面团表面覆盖保鲜膜并静置

⑧ 取面团擀制成长条

⑨ 面坯用双手卷至紧实

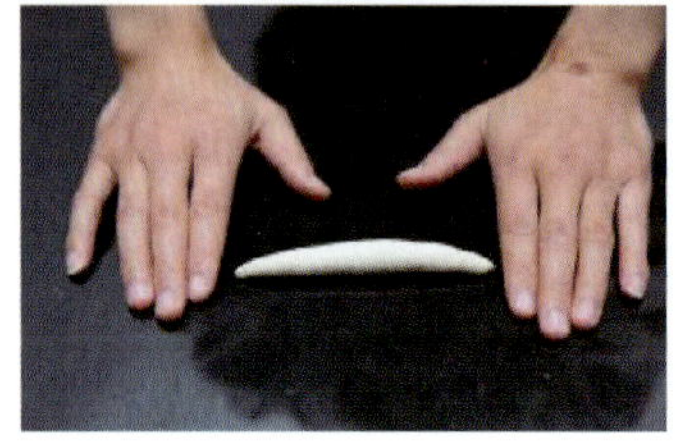

⑩ 双手均匀用力将面团搓成梭状

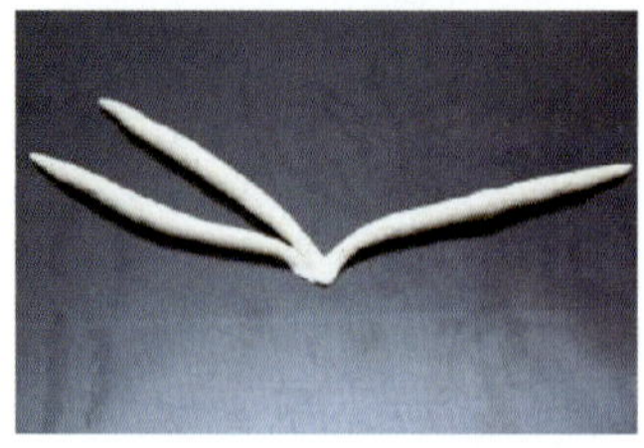

⑪ 三条面坯放置平整

⑫ 三股辫子编制①

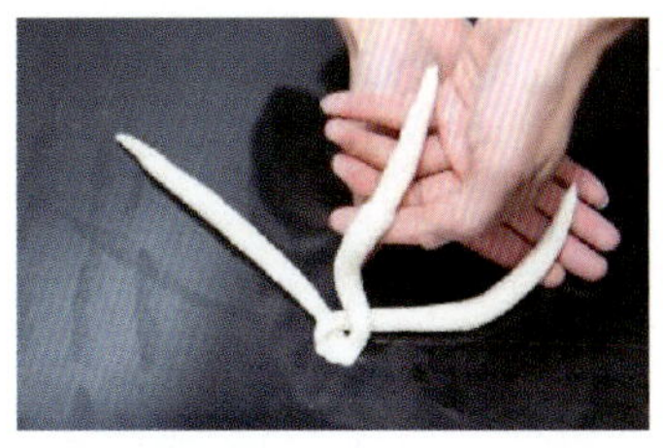
⑬ 三股辫子编制②

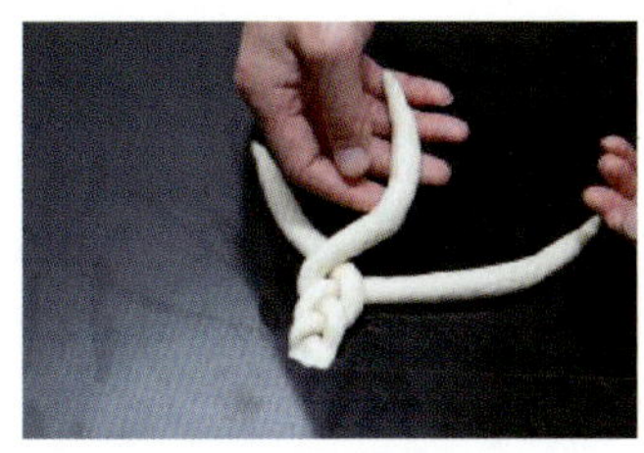
⑭ 三股辫子编制③

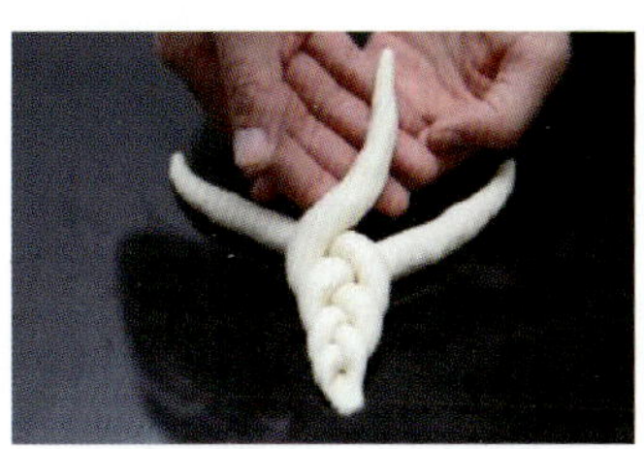
⑮ 三股辫子编制④

⑯ 三股辫子编制⑤

⑰ 面坯放入烤盘

⑱ 面坯放入醒发箱最后醒发

⑲ 烤前刷蛋液

⑳ 进预热后的烤箱烘烤

㉑ 烘烤成熟后取出

4. 小贴士

（1）注意控制面团搅拌的速度。面包面团的搅拌是通过机械动作使面筋扩展，成为有弹性和延伸性的面团，同时在搅拌过程中会产生摩擦热。面团过高的温度易造成面团过早发酵，使产品内部组织粗糙，因此应尽量用中、慢速搅拌面团。

（2）面团分割时，需要考虑面坯在烘烤中的损耗。损耗一般为面坯重量的 10% 左右。

（3）面包醒发时，要经常观察发酵箱玻璃门内的水珠状况，分析发酵箱的温度、湿度状况，并及时调整。

5. 质量标准

金黄色、色泽均匀、无焦色，辫子状、大小均匀，入口松软、不粘牙。

墨西哥面包

1. 原料配方

项目	原材料名称	烘焙百分比
面团	高筋粉	100.00%
	白砂糖	18.00%
	干酵母（高糖型）	1.20%
	盐	1.20%
	面包改良剂	0.50%
	奶粉	3.00%
	黄油	10.00%
	鸡蛋	10.00%
	水	50.00%
装饰	低筋粉	100.00%
	鸡蛋	100.00%
	糖粉	80.00%
	黄油	80.00%

2. 制作条件

醒发：温度 36℃、湿度 78%、时间 30 min。

烘烤：上火温度 190℃、下火温度 180℃，时间 15 min。

3. 操作步骤

① 原料按顺序投入搅拌机

② 用钩形搅拌器搅拌原料至面筋产生

③ 加入黄油，继续慢速搅拌

④ 搅打成完全的筋性面团

⑤ 将面团搓圆置桌面盖保鲜膜静置

⑥ 面团分割、称重

⑦ 面团揉圆

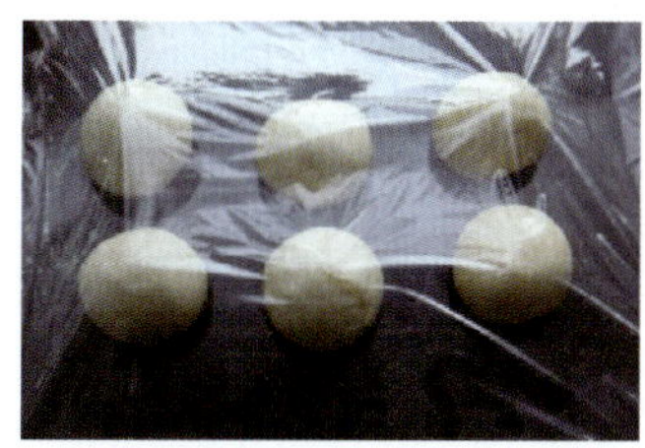

⑧ 面团表面覆盖保鲜膜静置

⑨ 面团置盘入醒发箱醒发

⑩ 糖粉、黄油搅拌松发

⑪ 分次加入蛋液混合

⑫ 拌入低筋粉成墨西哥面糊

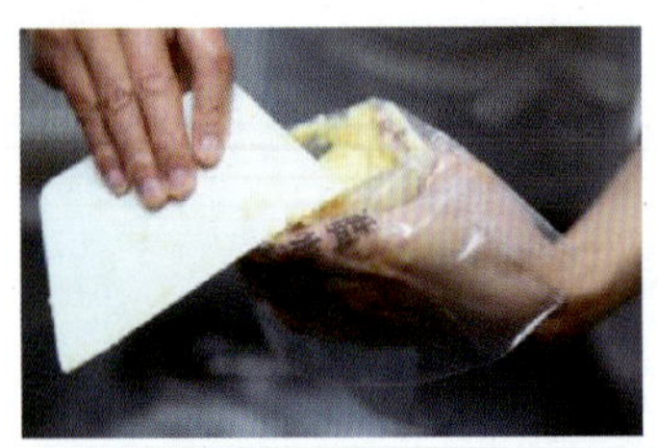

⑬ 墨西哥面糊装入裱花袋

⑭ 墨西哥面糊裱挤至面坯表面

⑮ 入炉烘烤

⑯ 烘烤成熟出炉

4. 小贴士

（1）中间醒发的目的是使面团在揉圆时受压的面筋得到恢复，使面团更具弹性及柔韧性。但松弛时间不能过长，否则会造成成品变形。

（2）面包醒发时，要经常观察发酵箱玻璃门内的水珠状况，分析发酵箱的温度、湿度状况，并及时调整。

（3）不要经常打开发酵箱的门，防止水汽散失。

（4）装饰料的使用量不宜过多，避免压挤面坯，影响成品质量。

（5）表皮操作的时候不要过度，否则会产生筋度，影响口感。

5. 质量标准

金黄色、色泽均匀、无焦色，大小均匀，入口松软、不粘牙。

红豆吐司面包

1. 原料配方

项目	原材料名称	烘焙百分比
面团	面包粉	100.00%
	白砂糖	12.00%
	干酵母（高糖型）	1.20%
	盐	1.50%
	面包改良剂	0.50%
	奶粉	3.00%
	黄油	10.00%
	鸡蛋	10.00%
	水	50.00%
	红豆粒	20.00%

2. 制作条件

醒发：温度 38℃、湿度 85%、时间 50 min。

烘烤：上火温度 210℃、下火温度 200℃，时间 30 min。

3. 操作步骤

① 原料按顺序投入搅拌机

② 用钩形搅拌器搅拌原料至面筋产生

③ 加入黄油，继续慢速搅拌

④ 搅打成完全的筋性面团

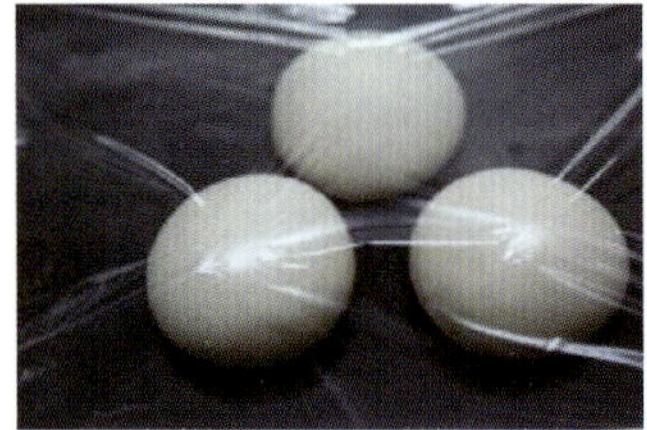

⑤ 将面团搓圆置桌面盖保鲜膜静置

⑥ 取面团擀制成长条

⑦ 将加工后的红豆均匀平铺于面坯上

⑧ 双手将面坯卷制成筒状

⑨ 将筒状面坯放在模具底部压紧

⑩ 将面坯模具放入醒发箱，不加盖醒发

⑪ 醒发完成后，吐司模加盖

⑫ 放入烤箱烘烤

⑬ 烘烤成熟后热脱模

4. 小贴士

（1）不要经常打开发酵箱的门，防止水汽散失。

（2）要掌握先进先出的原则，防止面团醒发过度。

（3）面团醒发后取出烤盘时，要轻拿轻放，防止大的振动和碰撞导致面坯中气泡塌陷。

（4）在最后成形及装饰阶段，所有技术动作一定要灵活、轻巧。

（5）醒发不能过度，否则会导致气孔变大，无组织，口感变差。

5. 质量标准

色泽均匀、无焦色，长方形、大小均匀、端正饱满，入口松软、不粘牙。

菠萝面包

1. 原料配方

项目	原材料名称	烘焙百分比
面团	高筋粉	100.00%
	白砂糖	18.00%
	干酵母（高糖型）	1.20%
	盐	1.20%
	面包改良剂	0.50%
	奶粉	3.00%
	黄油	10.00%
	鸡蛋	10.00%
	水	50.00%
装饰	低筋粉	100.00%
	糖粉	60.00%
	鸡蛋	15.00%
	黄油	60.00%

2. 制作条件

醒发：温度 36℃、湿度 75%、时间 30 min。

烘烤：上火温度 190℃、下火温度 175℃，时间 15 min。

3. 操作步骤

① 原料按顺序投入搅拌机

② 用钩形搅拌器搅拌原料至面筋产生

③ 加入黄油，继续慢速搅拌

④ 搅打成完全的筋性面团

⑤ 将面团搓圆置桌面盖保鲜膜静置

⑥ 面团分割、称重

⑦ 面团揉圆

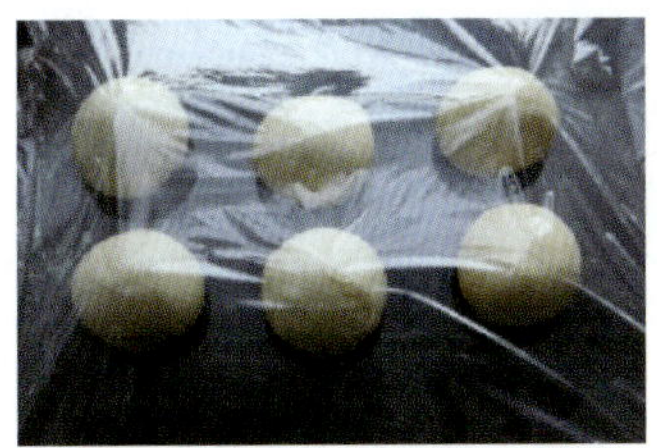
⑧ 面团表面覆盖保鲜膜静置

⑨ 面团置盘入醒发箱醒发

⑩ 面团醒发完成，烤前刷蛋液

⑪ 将备用酥性面坯覆盖在面团表面

⑫ 用刻模将表面刻制成网格状花纹

⑬ 表面刷蛋液

⑭ 入炉烘烤

⑮ 烘烤成熟后取出

备用酥性面坯制作

① 糖粉、黄油搅拌均匀

② 分次加入蛋液

③ 搅拌起发

④ 拌入低筋粉成面团

⑤ 面团搓成长条，切割成小块

⑥ 将酥性面团擀制成薄片备用

4. 小贴士

（1）面团成形时，应尽快完成工作，防止面团表面结皮。

（2）面团在装盘时，应做到不同性质、不同大小的面坯不放在同一烤盘中。

（3）面团成形后，应将面团收口处朝下码放，以防烘烤时收口处开裂，影响成品的质量及外观。

5. 质量标准

金黄色、色泽均匀、无焦色，大小均匀，入口松软、不粘牙。

葱油火腿面包

1. 原料配方

项目	原材料名称	烘焙百分比
面团	高筋粉	100.00%
	白砂糖	10.00%
	干酵母（高糖型）	1.20%
	盐	1.80%
	面包改良剂	0.50%
	奶粉	3.00%
	黄油	10.00%
	鸡蛋	10.00%
	水	50.00%
馅料	葱酥馅	9.00%
装饰	火腿	适量
	香葱	0.30%
	沙拉酱	4.80%

2. 制作条件

醒发：温度 36℃、湿度 75%、时间 30 min。

烘烤：上火温度 190℃、下火温度 175℃，时间 15 min。

3. 操作步骤

1 原料按顺序投入搅拌机

2 用钩形搅拌器搅拌原料至面筋产生

3 加入黄油，继续慢速搅拌

4 搅打成完全的筋性面团

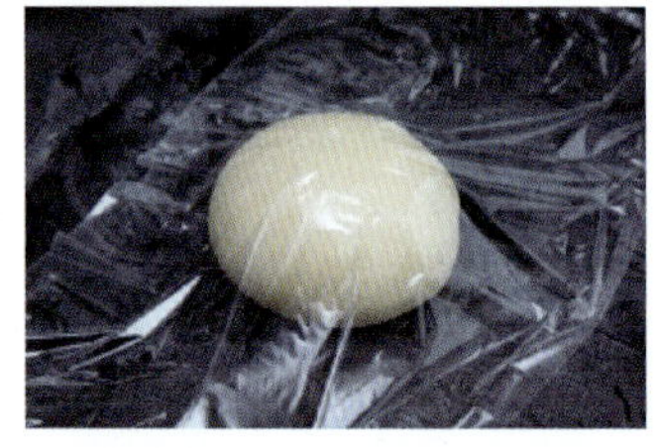

5 将面团搓圆置桌面盖保鲜膜静置

6 面团分割、称重

7 面团揉圆

8 面团表面覆盖保鲜膜静置

9 面团擀制成薄片

10 面坯底部按至更薄

11 面坯卷制成梭状

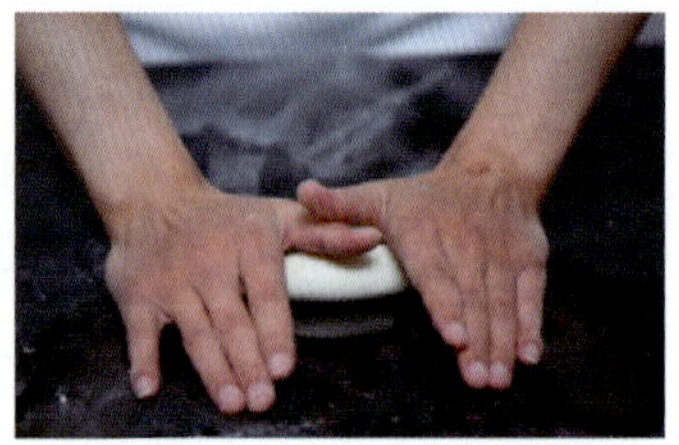

12 梭状面坯搓至表面光滑

⑬ 面坯置盘进入醒发箱醒发

⑭ 醒发完成的面坯表面刷蛋液

⑮ 火腿切丁备用

⑯ 香葱切丁备用

⑰ 火腿丁、香葱丁均匀撒至面坯表面

⑱ 沙拉酱挤至面坯表面进行装饰

⑲ 入炉烘烤

⑳ 面包成熟出炉

4. 小贴士

（1）面团放入烤盘时，要疏密适当。若排放过密，面团醒发后会膨胀粘连；若排放过疏，面坯烘烤时受热面积增大，易造成表皮颜色不均。

（2）在最后成形及装饰阶段，所有技术动作一定要灵活、轻巧。

（3）刷蛋液的动作要轻柔，刷蛋量以蛋液不从面坯表面流下为宜。蛋液的浓度可根据需要调节。

（4）装饰料的使用量不宜过多，避免压挤面坯，影响成品质量。

5. 质量标准

金黄色、色泽均匀、无焦色，大小均匀，入口松软、不粘牙。

沙拉面包

1. 原料配方

项目	原材料名称	烘焙百分比
面团	面包粉	100.00%
	白砂糖	10.00%
	干酵母（高糖型）	1.20%
	盐	1.80%
	面包改良剂	0.50%
	奶粉	3.00%
	黄油	10.00%
	鸡蛋	10.00%
	水	50.00%
馅料	蔬果粒	10.00%
	沙拉酱	适量

2. 制作条件

醒发：温度 36℃、湿度 78%、时间 40 min。

烘烤：上火温度 180℃、下火温度 175℃，时间 10 min。

3. 操作步骤

① 原料按顺序投入搅拌机

② 用钩形搅拌器搅拌原料至面筋产生

③ 加入黄油，继续慢速搅拌

④ 搅打成完全的筋性面团

⑤ 将面团搓圆置桌面盖保鲜膜静置

⑥ 面团分割、称重

⑦ 面团揉圆

⑧ 面团表面覆盖保鲜膜静置

⑨ 面团擀制成薄片

⑩ 面坯底部按至更薄

⑪ 面坯卷制成梭状

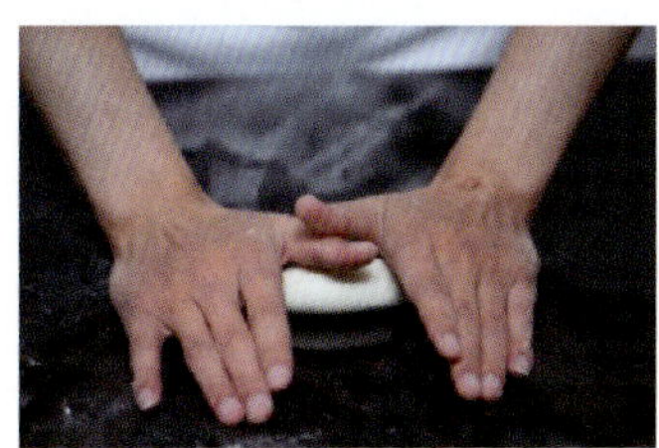
⑫ 梭状面坯搓至表面光滑

⑬ 面坯置盘进入醒发箱醒发

⑭ 醒发完成的面坯表面刷蛋液

⑮ 面坯入炉烘烤

⑯ 面包烘烤成熟出炉

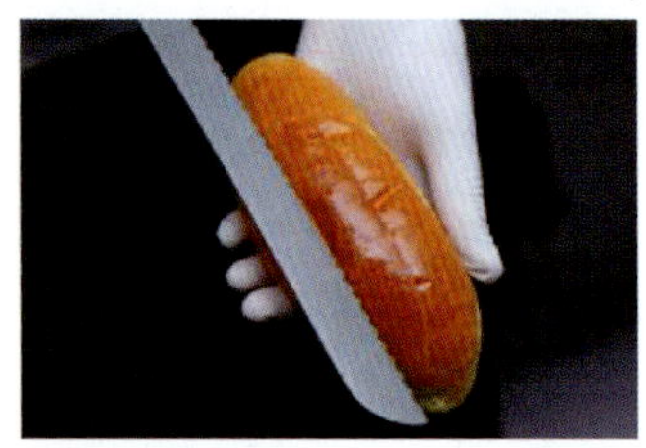
⑰ 用锯刀在面包表面切开口

⑱ 切口中放入馅料

4. 小贴士

（1）面团成形时，应尽快完成工作，防止面团表面结皮。

（2）面团装盘时，应做到不同性质、不同大小的面坯不放在同一烤盘中。

（3）面团成形后，应将面团收口处朝下码放，以防烘烤时收口处开裂，影响成品的质量及外观。

（4）面团放入烤盘时，要疏密适当。若排放过密，面团醒发后会膨胀粘连；若排放过疏，面坯烘烤时受热面积增大，易造成表皮颜色不均。

（5）馅料中的蔬菜粒需要加热成熟。

5. 质量标准

金黄色、色泽均匀、无焦色，橄榄状、大小均匀，入口松软、不粘牙。

葡萄面包

1. 原料配方

项目	原材料名称	烘焙百分比
面团	面包粉	100.00%
	白砂糖	12.00%
	干酵母（高糖型）	1.20%
	盐	1.50%
	面包改良剂	0.50%
	奶粉	3.00%
	黄油	10.00%
	鸡蛋	10.00%
	水	50.00%
	葡萄干	15.00%
	朗姆酒	适量

2. 制作条件

醒发：温度 36℃、湿度 78%、时间 40 min。

烘烤：上火温度 190℃、下火温度 175℃，时间 10 min。

3. 操作步骤

1 原料按顺序投入搅拌机

2 用钩形搅拌器搅拌原料至面筋产生

3 加入黄油，继续慢速搅拌

4 在搅拌基本起筋的面团内加入葡萄干

5 面团搅拌完成

6 面团整形后覆盖保鲜膜静置

7 面团分割、称重、揉圆

8 面坯置盘入醒发箱醒发

9 面坯烤前刷蛋液

10 面包入炉烘烤成熟后出炉

4. 小贴士

（1）面团成形后，应将面团收口处朝下码放，以防烘烤时收口处开裂，影响成品的质量及外观。

（2）面团放入烤盘时，要疏密适当。若排放过密，面团醒发后会膨胀粘连；若排放过疏，面坯烘烤时受热面积增大，易造成表皮颜色不均。

（3）最后成形及装饰阶段，所有技术动作一定要灵活、轻巧。

（4）刷蛋液的动作要轻柔，刷入量以蛋液不从面坯表面流下为宜。蛋液的浓度可根据需要调节。

5. 质量标准

金黄色、色泽均匀、无焦色，圆形、大小均匀、端正饱满，入口松软、不粘牙。

模块四　蛋糕制作

学习目标

掌握蛋糕的种类及蛋糕膨松原理。
掌握蛋糕制作的原材料种类及使用方法。
掌握蛋糕制作的工器具种类及使用方法。
掌握蛋糕制作的面糊搅拌、成形和成熟工艺及方法。

蛋糕是以鸡蛋、糖、油脂、面粉为主要原料，经搅打使蛋液或油脂中充入大量空气调制的面糊，经注模、烘烤，受热膨胀成松发、细腻、柔软、富有弹性的制品。

蛋糕是西式面点中常见的品种，根据用料和加工工艺，可分为清蛋糕和油蛋糕两大类。

清蛋糕按加工方式不同，分为海绵蛋糕和戚风蛋糕。海绵蛋糕是清蛋糕中最常见的品种之一。海绵蛋糕原料搅打方法可分为全蛋搅拌法和添加乳化剂的全蛋搅拌法。

一、海绵蛋糕的制作

凡是用全蛋搅拌，不加或加入少量油脂的蛋糕面糊制作的蛋糕，都可称为海绵蛋糕。海绵蛋糕具有色泽金黄，质地松软，口感柔软、细腻、香甜的特点。

1. 主要原料

原料名称	选料要求
面粉	宜选用低筋面粉。如果面粉筋力太高，可加入适量淀粉来取代等量面粉
蛋清	海绵蛋糕膨胀的主要原料。搅打前，全蛋液的温度一般控制在 25℃左右

续表

原料名称	选料要求
砂糖	宜选用白砂糖（细砂糖）。在搅拌中，砂糖增加了蛋液的黏度，砂糖与蛋液的摩擦增强了蛋液的起泡性
油脂	可用融化后的黄油或精制油。在海绵蛋糕中加入适量的油脂，可使蛋糕组织细腻，口感滋润
牛奶	用来调整面糊的稀稠度，并增加蛋糕内部的水分
乳化剂	使互不相溶的液体（如油与水）形成稳定乳浊液的食品添加剂

2. 鸡蛋的性能

原料性质	说明
蛋清的起泡性	蛋清能把搅打过程中混入的空气包围起来形成泡沫，使蛋液体积增大
蛋黄的乳化性	蛋黄中的卵磷脂具有亲油和亲水的双重性质，是有效的乳化剂
鸡蛋的黏稠性	鸡蛋中含有丰富的蛋白质，蛋白质受热凝固能使蛋液黏结，使产品成熟时不会分离，保持产品的完整性

3. 全蛋搅拌法

全蛋搅拌法是将全蛋液与白砂糖放入搅拌机内一起搅拌打发，至蛋液膨胀为原体积 3 倍左右的乳白色稠厚面糊状后，加入过筛后的面粉调制的方法。

① 鸡蛋加白砂糖后搅打

② 搅打至体积增大 3 倍

③ 面粉过筛后加入一起搅打

④ 入模

⑤ 入炉烘烤

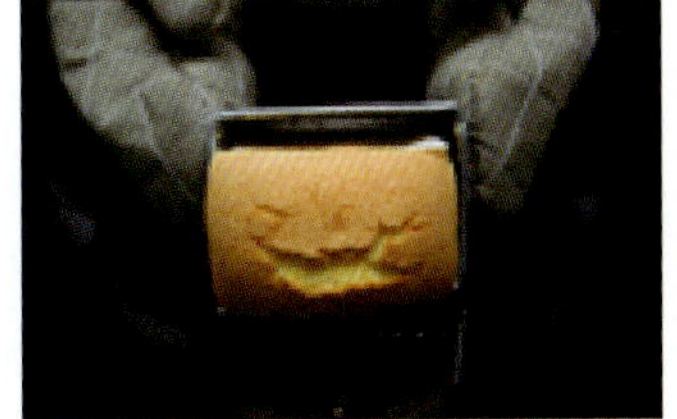
⑥ 冷却

4. 注意事项

（1）制作海绵蛋糕宜选用低筋粉。低筋粉蛋白质含量低、吸水性差，形成面筋质的机会小，可保证产品的膨松性与软润性。

（2）选用的鸡蛋要新鲜。因为新鲜鸡蛋的胶体浓度高，搅拌的时候能更好地与空气相结合，稳定地保持气体，从而提高蛋糕坯的膨松性。

（3）合理控制搅拌的温度。一般情况下，蛋液在25℃左右打发性能最好。温度过高，蛋液会变得稀薄、黏性差，无法保存气体。温度过低，蛋液黏性较大，搅拌时不易带入空气。

（4）制作海绵蛋糕面糊时，搅打鸡蛋的时间不宜过长，否则会破坏蛋糊中的气泡，影响蛋糕的质量。加入面粉后，也不要搅拌过快、时间过长，以防面糊起筋，影响产品的松软度。

（5）如果配方中有可可粉或抹茶粉，可以和面粉同时过筛，并过筛多遍，使粉状物更加细腻。如果配方中有咖啡，可预先和酒或净水调制成咖啡酱后加入。

（6）搅打蛋液时，应选用球状搅拌配件，使蛋液发泡性更佳。如蛋液的温度过低，可用热水加热搅拌缸的四周，使蛋液温度上升，加速蛋液起泡。

（7）加入粉状原料时，搅拌机应调至慢速状态，防止粉状原料飞溅。

（8）融化好的黄油加入面糊时，温度不能过高，否则会使面糊搅拌不匀。

（9）面糊要随调随用，放置时间不能太长，否则面糊中的气泡会减少或消失。

（10）面糊装入模具后，要刮平，整形，轻轻敲打使蛋糕面糊气孔均匀。

二、油脂蛋糕的制作

油脂蛋糕是配方中含有较多油脂的一类松软制品。油脂蛋糕具有良好的香味和柔润的质感，入口香甜，回味无穷。

油脂蛋糕按配方中油脂含量的不同，可分为重油脂蛋糕和轻油脂蛋糕。

重油脂蛋糕是指配方中油脂含量为40%～100%的蛋糕。因为油脂含量高，可以在搅拌过程中拌入大量空气，使蛋糕在烘焙中达到应有的体积与细致的组织。

轻油脂蛋糕是指配方中油脂含量为40%以下的蛋糕。因为油脂含量较低，所以可以在配方中加入适当的泡打粉或小苏打粉，以使蛋糕在烘焙时可产生足够的气体帮助体积膨胀。

重油脂蛋糕和轻油脂蛋糕的区别如下：

项目	重油脂蛋糕	轻油脂蛋糕
油脂用量	40%～100%	40%以下
内部组织	紧密	松软
蛋糕质感	细腻	粗糙
烘烤温度（℃）	160～190	190～200

1. 主要原料

原料名称	选料要求
油脂	选用可塑性好、融合性好、油性好的油脂，黄油是最佳的选择
面粉	油脂蛋糕应选用低筋粉。但若是制作水果蛋糕，可适当选择筋力高一些的面粉或在低筋粉中加入一些高筋粉，使面糊具有韧性，能支撑果粒的重量，防止加进面糊内的果粒下沉
砂糖	制作油脂蛋糕可以选择糖粉或细砂糖，搅拌时容易拌匀。不宜使用粗砂糖
鸡蛋	新鲜鸡蛋

2. 油、糖搅拌法

先将油脂和细砂糖（或糖粉）充分搅拌，使油脂融合大量的空气，待体积膨胀后，分次加入鸡蛋搅拌均匀，再将其他配料依次加入，搅拌均匀。采用油、糖搅拌法调制的蛋糕，体积大、组织松软。用这种方法调制的油脂蛋糕有黄油蛋糕、黄油水果蛋糕、核桃蛋糕等，也可作为覆面装饰蛋糕的坯料。

① 油脂加糖后搅拌

② 分次加入蛋液

③ 搅拌松发

4 加入过筛后的面粉

5 搅拌均匀

6 入模

7 入炉烘烤成熟

3. 注意事项

（1）选用低筋粉。如果面粉筋力过高，可以添加适量淀粉降低面粉的筋度。

（2）应选用优质的油脂。黄油是最佳的选择。使用时，可将黄油切成小块，温度控制在 25℃左右。若温度过高，油脂融化而失去充气性能，会造成操作困难。若温度太低，油脂凝固而太硬，搅拌不易膨松，也不易细腻。如油脂的温度过低，可用喷火枪或热水加热搅拌缸的四周，使油脂温度上升。

（3）熔点较高、融合性较好的油脂多为人造奶油，其奶香味不足。因此，可在配方中适当增减油脂的比例，以改善蛋糕的口感与提升蛋糕的品质。

（4）选用细砂糖，搅拌时容易拌匀。如果糖的晶粒太粗，在搅拌中不易溶化，产品成熟后表面会出现一些斑点，影响成品的柔软性。

（5）果料必须经过挑拣，以免异物混入蛋糕面糊中。果料还需要用朗姆酒、白兰地酒等浸泡，增加蛋糕的香味与柔软度。但果料必须沥干，避免浸湿后的果料比重大于面糊而造成下沉的缺陷。

（6）食品膨松剂在制品成熟过程中能产生二氧化碳，从而使成品更加膨胀、松软。

（7）充分搅拌可使蛋糕面糊细腻，无大气孔。如果搅拌充分而拌料不透，会使面糊过度膨松，容易造成产品外形饱满度差、凹陷、收腰、外溢等质量问题。如果拌料过度，会使面糊坚韧，容易造成产品酥松度差，顶面凸出、穿顶、质感坚实等质量问题。

（8）搅拌油脂蛋糕需选用扇状搅拌配件。扇状搅拌配件搅拌油脂时，不会使油脂过度膨松。扇状搅拌配件强度较高，也不会在搅拌油脂时损坏。

（9）全料搅拌法搅拌面糊时，鸡蛋和坚果（或干果）可以稍后加入搅拌。

• 制作实例 •

海绵蛋糕

1. 原料配方

项目	原材料名称	烘焙百分比
坯料	低筋粉	100.00%
	鸡蛋	180.00%
	白砂糖	160.00%
	盐	2.00%
	液态油	20.00%
	牛奶	20.00%

2. 制作条件

烘烤：上火温度 190℃、下火温度 180℃，时间 25 min。

3. 操作步骤

① 原料按顺序投入搅拌机

② 快速搅拌起发后加入面粉

③ 将面糊裱挤入模

4 入炉烘烤

5 出炉脱模后冷却

4. 小贴士

（1）海绵蛋糕面糊装入模具后，应立即进行烘烤。避免剧烈的振动，以防面糊下陷，影响胀发成熟。

（2）模具或纸杯应排列有序，注意间隔距离。只有间隔距离均等，才能使烘烤时受热均匀。

（3）正确选择模具，并掌握蛋糕面糊入模量。蛋糕面糊入模量以七八分满为宜。

（4）为了防止成熟的蛋糕坯黏附模具，在盛装蛋糕面糊之前，在模具内可垫一层纸。

5. 质量标准

色泽均匀，长方形，奶香味、甜度适中，质感细腻、松软。

香蕉蛋糕

1. 原料配方

项目	原材料名称	烘焙百分比
坯料	低筋粉	100.00%
	牛奶	30.00%
	鸡蛋	100.00%
	白砂糖	60.00%
	盐	2.00%
	液态油	20.00%
	香蕉	适量

2. 制作条件

烘烤：上火温度 190℃、下火温度 180℃，时间 25 min。

3. 操作步骤

① 香蕉切成小块备用

② 低筋粉、白砂糖放入搅拌机

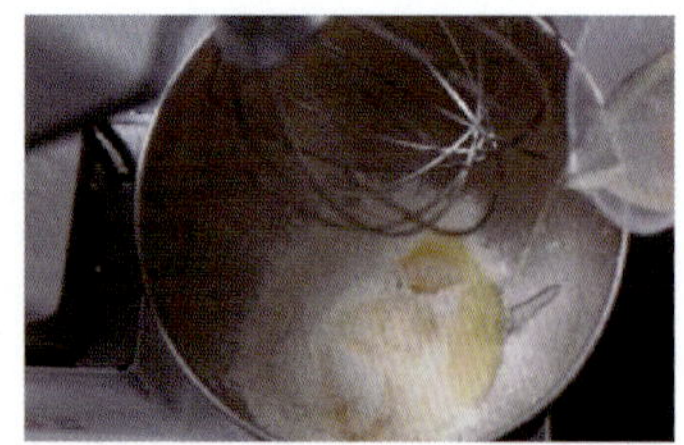

③ 加入液态油

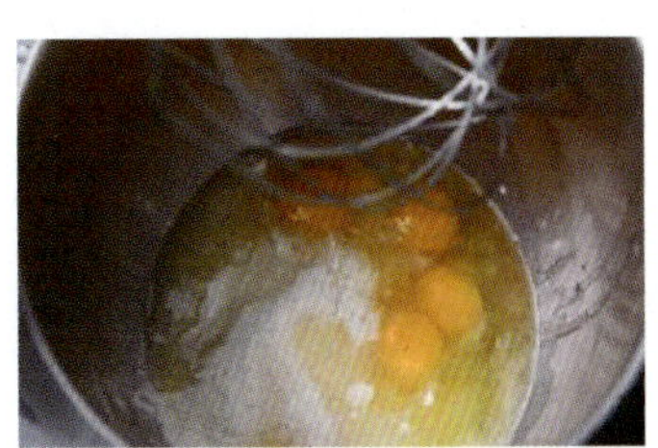
4 加入蛋液和牛奶

5 充分打发

6 香蕉放入打发的面糊中搅拌均匀

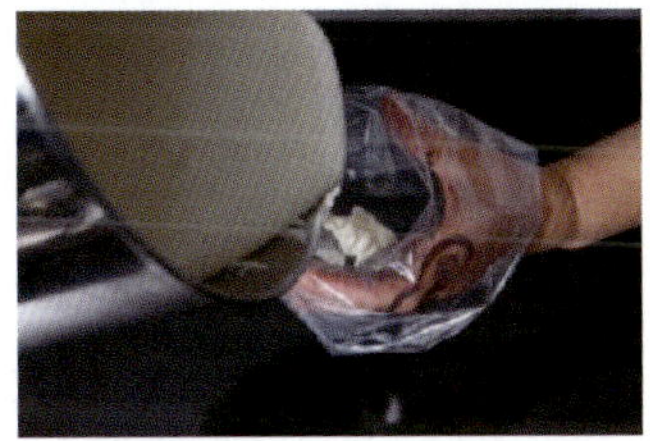
7 面糊装入裱花袋

8 面糊裱挤入模

9 置盘入已预热的烤箱烘烤

10 烘烤成熟后取出

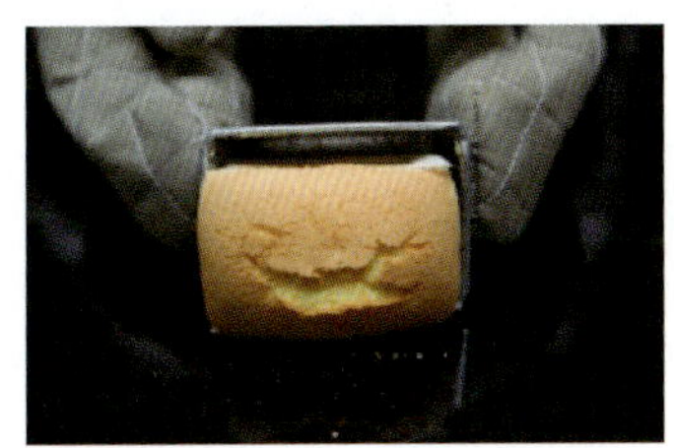
11 热脱模

4. 小贴士

（1）蛋糕面糊装入模具后，应立即进行烘烤。避免剧烈的振动，以防面糊下陷，影响胀发成熟。

（2）模具或纸杯应排列有序，注意间隔距离。只有间隔距离均等，才能使烘烤时受热均匀。

（3）正确选择模具，并掌握蛋糕面糊入模量。蛋糕面糊入模量以七八分满为宜。

（4）为了防止成熟的蛋糕坯黏附模具，在盛装蛋糕面糊之前，在模具内可垫一层纸。

（5）出炉后要立刻脱模，防止产品回缩。

5. 质量标准

色泽均匀，长方形，香蕉味、甜度适中，质感细腻、松软。

蜂蜜蛋糕

1. 原料配方

项目	原材料名称	烘焙百分比
坯料	低筋粉	100.00%
	鸡蛋	90.00%
	白砂糖	80.00%
	水	40.00%
	蜂蜜	40.00%
	色拉油	20.00%

2. 制作条件

烘烤：上火温度 190℃、下火温度 180℃，时间 25 min。

3. 操作步骤

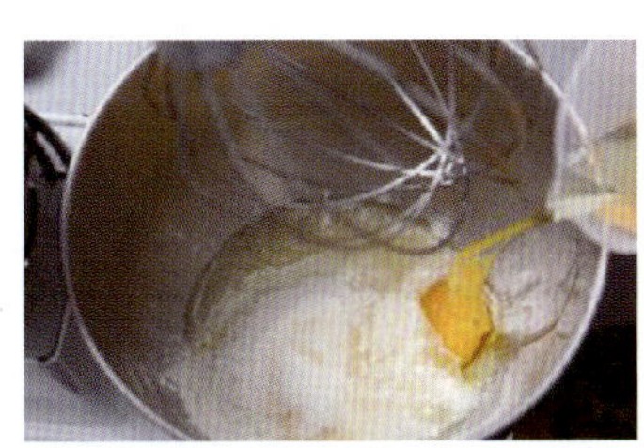

1 原料按顺序投入搅拌机

2 用搅拌机搅打面糊

3 将原料搅打起发

④ 加入蜂蜜后拌匀

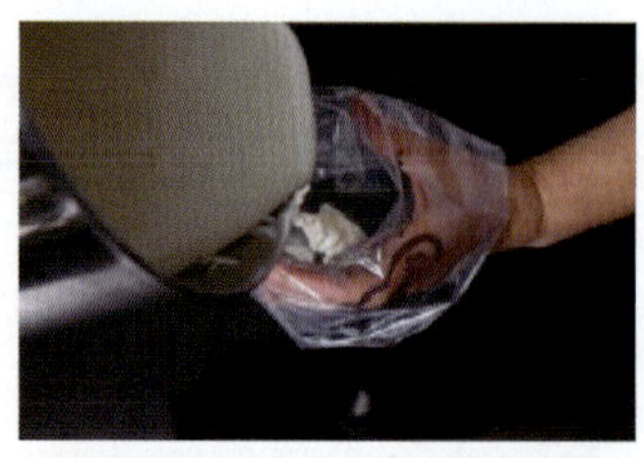
⑤ 面糊装入裱花袋

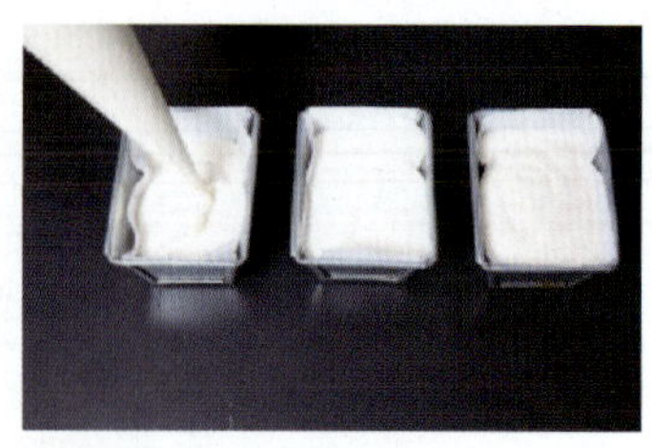
⑥ 面糊裱挤入模

⑦ 入炉烘烤

⑧ 成熟蛋糕出炉脱模

4. 小贴士

（1）蛋糕面糊装入模具后，应立即进行烘烤。避免剧烈的振动，以防面糊下陷，影响胀发成熟。

（2）模具或纸杯应排列有序，注意间隔距离。只有间隔距离均等，才能使烘烤时受热均匀。

（3）正确选择模具，并掌握蛋糕面糊入模量。蛋糕面糊入模量以七八分满为宜。

（4）为了防止成熟的蛋糕坯黏附模具，在盛装蛋糕面糊之前，在模具内可垫一层纸。

5. 质量标准

色泽均匀，长方形，甜度适中，质感细腻、松软。

抹茶蛋糕

1. 原料配方

项目	原材料名称	烘焙百分比
坯料	低筋粉	100.00%
	抹茶粉	6.40%
	鸡蛋	100.00%
	白砂糖	80.00%
	牛奶	60.00%
	黄油	12.00%

2. 制作条件

烘烤：上火温度 190℃、下火温度 180℃，时间 25 min。

3. 操作步骤

① 原料按顺序投入搅拌机

② 用搅拌机搅打面糊

③ 面糊装入裱花袋

4 面糊裱挤入模

5 入炉烘烤

6 成熟蛋糕出炉脱模

4. 小贴士

（1）蛋糕面糊装入模具后，应立即进行烘烤。避免剧烈的振动，以防面糊下陷，影响胀发成熟。

（2）模具或纸杯应排列有序，注意间隔距离。只有间隔距离均等，才能使烘烤时受热均匀。

（3）正确选择模具，并掌握蛋糕面糊入模量。蛋糕面糊入模量以七八分满为宜。

（4）为了防止成熟的蛋糕坯黏附模具，在盛装蛋糕面糊之前，在模具内可垫一层纸。

5. 质量标准

色泽均匀，长方形，抹茶味、甜度适中，质感细腻、松软。

摩卡蛋糕

1. 原料配方

项目	原材料名称	烘焙百分比
坯料	低筋粉	100.00%
	鸡蛋	100.00%
	白砂糖	80.00%
	牛奶	60.00%
	咖啡粉	4.00%
	色拉油	12.00%

2. 制作条件

烘烤：上火温度 190℃、下火温度 180℃，时间 25 min。

3. 操作步骤

① 将除面粉之外的原料投入搅拌机，将咖啡粉和牛奶混合

② 原料搅拌均匀

③ 加入面粉混合成面糊

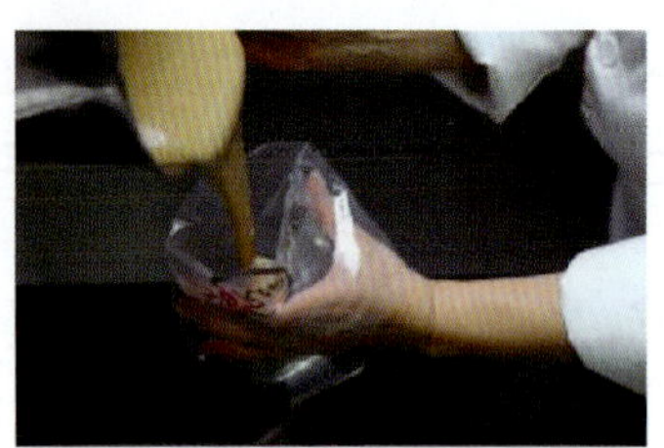

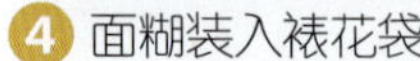
4 面糊装入裱花袋

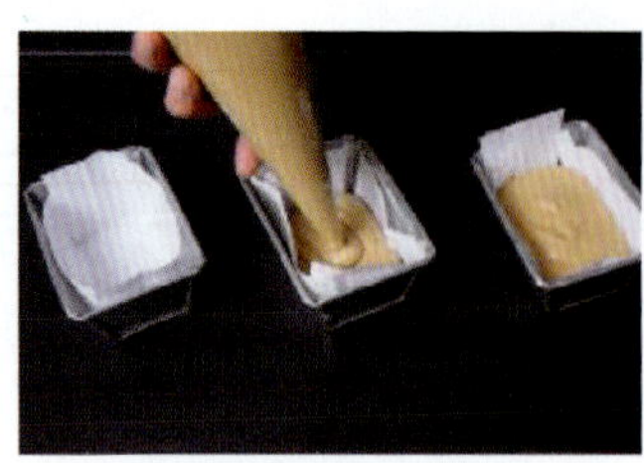
5 面糊挤入模具

6 置盘烘烤

7 成熟后脱模

4. 小贴士

（1）蛋糕面糊装入模具后，应立即进行烘烤。避免剧烈的振动，以防面糊下陷，影响胀发成熟。

（2）模具或纸杯应排列有序，注意间隔距离。只有间隔距离均等，才能使烘烤时受热均匀。

（3）正确选择模具，并掌握蛋糕面糊入模量。蛋糕面糊入模量以七八分满为宜。

（4）为了防止成熟的蛋糕坯黏附模具，在盛装蛋糕面糊之前，在模具内可垫一层纸。

5. 质量标准

色泽均匀，长方形，咖啡味、甜度适中，质感细腻、松软。

黄油蛋糕

1. 原料配方

项目	原材料名称	烘焙百分比
坯料	低筋粉	100.00%
	黄油	100.00%
	糖粉	100.00%
	鸡蛋	100.00%

2. 制作条件

烘烤：上火温度 190℃、下火温度 180℃，时间 25 min。

3. 操作步骤

① 黄油和糖粉混合搅拌起发

② 分次加入蛋液搅拌均匀

③ 拌入面粉折翻混合均匀

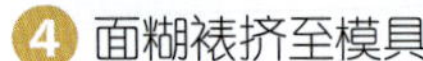
④ 面糊裱挤至模具

⑤ 置盘烘烤

⑥ 烘烤成熟后取出

4. 小贴士

（1）面糊入模后，表面不仅要刮平，还要轻轻敲打，使蛋糕面糊气孔均匀。面糊入模时，可装在裱花袋里，裱挤在纸杯或模具内，这样较为方便。

（2）为防止油脂蛋糕成熟后的形状受损，应在模具四周涂一层油脂或垫一层纸。

（3）根据成品的要求和特点，选择油脂蛋糕的模具。

5. 质量标准

金黄色，大小均匀，形态饱满，自然开花，香甜松软。

核桃蛋糕

1. 原料配方

项目	原材料名称	烘焙百分比
坯料	低筋粉	100.00%
	黄油	90.00%
	糖粉	90.00%
	鸡蛋	90.00%
	核桃碎	25.00%

2. 制作条件

烘烤：上火温度 190℃、下火温度 180℃，时间 25 min。

3. 操作步骤

① 黄油和糖粉混合搅拌起发

② 分次加入蛋液搅拌均匀

③ 原料搅拌起发

4 拌入面粉混合成面糊

5 裱挤至放纸托的模具中

6 表面放置核桃碎

7 置盘入炉烘烤

8 烘烤成熟后取出

4. 小贴士

（1）面糊入模后，表面不仅要刮平，还要轻轻敲打，使蛋糕面糊气孔均匀。面糊入模时，可装在裱花袋里，裱挤在纸杯或模具内，这样较为方便。

（2）为防止油脂蛋糕成熟后的形状受损，应在模具四周涂一层油脂或垫一层纸。

（3）根据成品的要求和特点，选择油脂蛋糕的模具。

5. 质量标准

黄褐色，大小均匀，形态饱满，自然开花，核桃香味，松软。

水果蛋糕

1. 原料配方

项目	原材料名称	烘焙百分比
坯料	低筋粉	100.00%
	黄油	100.00%
	糖粉	100.00%
	鸡蛋	100.00%
	提子干	10.00%

2. 制作条件

烘烤：上火温度 190℃、下火温度 180℃，时间 25 min。

3. 操作步骤

① 糖粉过筛备用

② 低筋粉过筛后与干果混合备用

③ 黄油与糖粉混合搅拌起发

4 分次加入蛋液混合均匀

5 拌入低筋粉成面糊

6 面糊裱挤入模

7 入炉烘烤成熟

4. 小贴士

（1）面糊入模后，表面不仅要刮平，还要轻轻敲打，使蛋糕面糊气孔均匀。面糊入模时，可装在裱花袋里，裱挤在纸杯或模具内，这样较为方便。

（2）为防止油脂蛋糕成熟后的形状受损，应在模具四周涂一层油脂或垫一层纸。

（3）根据成品的要求和特点，选择油脂蛋糕的模具。

5. 质量标准

黄褐色，大小均匀，形态饱满，香甜松软，果仁味。

巧克力麦芬

1. 原料配方

项目	原材料名称	烘焙百分比
坯料	低筋粉	100.00%
	黄油	90.00%
	糖粉	90.00%
	鸡蛋	90.00%
	可可粉	20.00%
	巧克力豆	适量

2. 制作条件

烘烤：上火温度 190℃、下火温度 180℃，时间 25 min。

3. 操作步骤

① 糖粉过筛备用

② 黄油、糖粉混合搅拌起发

③ 分次加入蛋液搅拌均匀

4 拌入面粉、可可粉折翻混合

5 拌入碎巧克力豆成均匀面糊

6 面糊装入裱花袋

7 面糊裱挤入模

8 置盘入炉烘烤

4. 小贴士

（1）根据成品的要求和特点，选择油脂蛋糕的模具。

（2）油脂蛋糕面糊的填充量要适宜，不能过多或过少，入模量以七八分满为宜。

（3）采用裱挤入模方法成形时，要控制入模量，使制品均匀一致。

5. 质量标准

巧克力色，大小均匀，形态饱满，自然开花，香甜松软。

蓝莓麦芬

1. 原料配方

项目	原材料名称	烘焙百分比
坯料	低筋粉	100.00%
	黄油	90.00%
	糖粉	90.00%
	鸡蛋	90.00%
	蓝莓酱	40.00%

2. 制作条件

烘烤：上火温度 190℃、下火温度 180℃，时间 25 min。

3. 操作步骤

① 糖粉过筛备用

② 黄油、糖粉混合搅拌起发

③ 分次加入蛋液搅拌均匀

4 加入面粉，折翻混合均匀

5 面糊裱挤入模具

6 蓝莓酱挤至表面

7 蓝莓酱装饰均匀

8 置盘入炉烘烤

9 烘烤成熟

4. 小贴士

（1）根据成品的要求和特点，选择油脂蛋糕的模具。

（2）油脂蛋糕面糊的填充量要适宜，不能过多或过少，入模量以七八分满为宜。

（3）采用裱挤入模方法成形时，要控制入模量，使制品均匀一致。

5. 质量标准

大小均匀，形态饱满，自然开花，蓝莓味，酸甜松软。

模块五 果冻制作

学习目标

掌握果冻的种类及凝固原理。
掌握果冻制作的原材料种类及使用方法。
掌握果冻制作的工器具种类及使用方法。
掌握果冻液调制、成形工艺及方法。

果冻类冷冻甜点是靠明胶（也称“结力丁”）的凝结作用凝固而成的，可使用不同的模具，生产出风格、形态各异的成品。

常见的果冻种类主要有水果果冻、果汁果冻、甜酒果冻、椰奶果冻、西米露果冻等。

果冻类冷冻甜点是一种物美价廉的甜点，常用于各类西式自助餐甜点，也常用于各类宴会的甜品之中，尤其是在夏季，会用得更多。

一、果冻的一般用料

果冻是不含脂肪和乳质的冷冻食品，一般用料是果汁、明胶、水、糖、香精、食用色素等。为了提高制品营养价值和口味特点，往往在制作中还加入适量的水果丁。果冻的原料一般配比为白砂糖：水：明胶：果汁 =40 ∶ 40 ∶ 10 ∶ 200。

二、注意事项

1. 由于凝固剂在果冻配方内的用量很少，一般选用分度值为 1 g 的衡器。

2. 明胶等凝固剂一定要溶化彻底，不能有疙瘩。

3. 为确保果冻质量，要正确掌握明胶的用量。如用量太少，成品不能凝固成形；或凝固后的成品太软，不能保持应有的形状。相反，如用量太多，产品将坚硬，失去应有的口感和质感。

4. 在调制果冻液时，要将液体温度降至室温后，才能放入冰箱冷藏。

5. 浸泡明胶以冰水为佳，避免用热水浸泡。

6. 在熬制明胶过程中，应及时除去表面的杂质和泡沫，在加入凝固剂前需要过滤，以保证果冻成品的质量。

7. 加入明胶后，应避免快速或用力过大搅拌。因为快速搅拌会使果冻液起泡，影响成品质量。

8. 制作双色果冻时，一定要等模具内一种果冻液凝固后，再加入另一种果冻液，保证两层之间层次分明。

9. 制作果冻所用的水果丁使用前应沥干水分，以保证成品的品质。

10. 避免选用过酸的水果，如柠檬、新鲜菠萝、苹果等，因为酸性会降低果冻的凝固力，使成品弹性降低，影响口感。如果需要放置此类水果，必须把水果蒸煮几分钟，使水果内的蛋白酶失去活性。

11. 果冻制作应使用开口大的模具，容易脱模。

12. 一般果冻冷藏温度以 3℃左右为佳、冷藏时间为 3 ～ 4 h，果冻的成品将富有弹性和光泽。

13. 根据新鲜水果的特点切配水果，颜色搭配要自然、合理。

● 制作实例 ●

双色果冻

1. 原料配方

项目	原材料名称	烘焙百分比
冻液	葡萄汁	100.00%
	橙汁	100.00%
	细砂糖	50.00%
	明胶	10.00%

2. 操作步骤

① 明胶用冷水泡软备用

② 细砂糖、橙汁入锅加热至糖溶化

③ 明胶入锅搅拌溶化

④ 橙汁液入模具

⑤ 橙汁液放入冰箱稍冷藏凝固

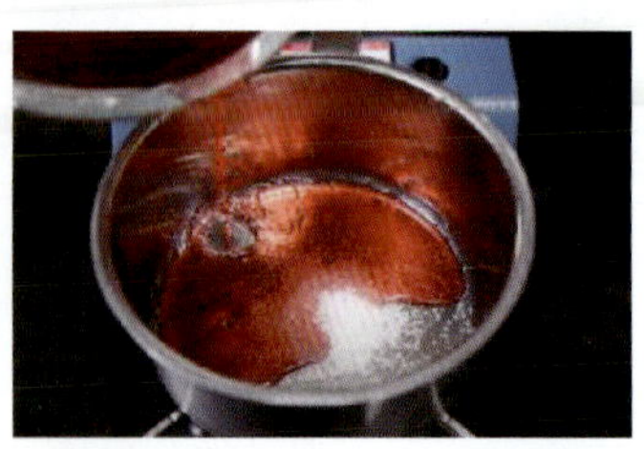
⑥ 葡萄汁、细砂糖入锅加热至糖溶化

⑦ 明胶入锅搅拌溶化

⑧ 葡萄汁入凝固的橙汁模具内

⑨ 双色果冻液再放入冰箱冷藏凝固

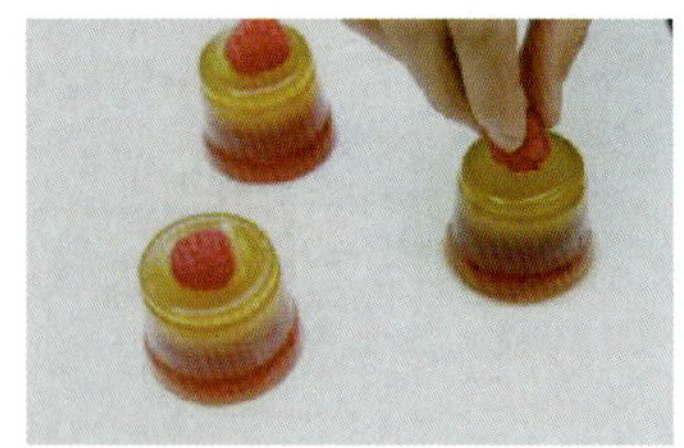
⑩ 脱模置盘，用水果装饰

3. 小贴士

（1）选用新鲜水果汁。因为有虫害霉变的水果做出的果汁不仅口味差，而且会影响食用者的健康。

（2）加入明胶后，应避免快速或用力过大搅拌。因为快速搅拌会使果冻液起泡，影响成品质量。

（3）制作双色果冻时，一定要等模具内一种果冻液凝固后，再加入另一种果冻液，保证两层之间层次分明。

4. 质量标准

晶莹透明、色泽美观，甜酸度适中、滑嫩爽口、原汁原味，透明、清澈。

芒果冻

1. 原料配方

项目	原材料名称	烘焙百分比
冻液	芒果果泥	100.00%
	水	120.00%
	细砂糖	80.00%
	明胶	8.00%
装饰	水果	适量

2. 操作步骤

① 明胶用冷水泡软备用

② 细砂糖、芒果果泥和水入锅加热

③ 明胶入锅搅拌溶化

④ 果冻液入模

⑤ 将果冻液放入冰箱冷藏成形

⑥ 果冻脱模置盘

⑦ 用水果装饰

3. 小贴士

（1）浸泡明胶以冰水为佳，避免用热水浸泡。

（2）在熬制明胶过程中，应及时除去表面的杂质和泡沫，在加入凝固剂前需要过滤，以保证果冻成品的质量。

（3）选用色泽洁白、杂质较少的白砂糖。

（4）果汁的调制时间不宜过长，温度不宜过高，以保存果汁内的营养素。

4. 质量标准

芒果自然色、色泽美观，芒果味、甜酸度适中，滑润爽口、入口即化。

橙汁冻

1. 原料配方

项目	原材料名称	烘焙百分比
冻液	橙汁	100.00%
	细砂糖	30.00%
	明胶	6.00%
装饰	新鲜水果	适量

2. 操作步骤

① 明胶用冷水泡软备用

② 细砂糖、橙汁入锅加热至糖溶化

③ 明胶入锅搅拌溶化

4 果冻液入模

5 冷却果冻液后放入冷藏冰箱成形

6 将成形后的果冻在开水中短时浸泡

7 脱模并用新鲜水果装饰

3. 小贴士

（1）果冻液倒入模具时，应避免果冻液有气泡。如果有气泡，应用干净的勺子撇出气泡，使果冻液倒入模具后无气泡，否则冷却后会影响成品的美观。

（2）制作果冻所用的水果丁使用前应沥干水分，以保证成品的品质。

4. 质量标准

橙汁本色、晶莹透明、色泽美观，甜酸度适中、滑润爽口、原汁原味，透明、清澈。

红葡萄酒果冻

1. 原料配方

项目	原材料名称	烘焙百分比
冻液	红葡萄酒	100.00%
	红糖	20.00%
	细砂糖	35.00%
	明胶	6.00%
	新鲜红葡萄汁	67.00%
装饰	水果	适量

2. 操作步骤

① 明胶用冷水泡软备用

② 不锈钢锅内加入红糖、细砂糖、红葡萄酒、新鲜红葡萄汁加热

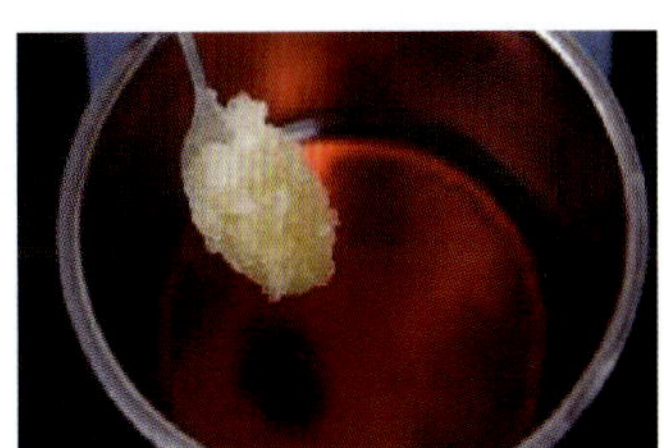

③ 明胶入锅搅拌溶化

4 果冻液入模

5 冷却的果冻液放入冰箱冷藏成形

6 模具在开水中快速浸泡

7 脱模、置盘

8 用水果装饰

3. 小贴士

（1）选新鲜、卫生的水果进行装饰，如草莓、芒果、猕猴桃、红樱桃、黑布林、哈密瓜等。

（2）根据新鲜水果的特点切配水果，颜色搭配要自然、合理。

（3）切配水果要根据水果的特点来进行，保证水果的美观性。

（4）根据果冻的口味选用新鲜水果装饰，避免放置太多的水果。果冻和水果的摆放要有空间感，以免喧宾夺主。

4. 质量标准

果汁本色、晶莹透明、色泽美观，甜酸度适中、滑润爽口、原汁原味，透明、清澈。

柠檬果冻

1. 原料配方

项目	原材料名称	烘焙百分比
冻液	水	100.00%
	细砂糖	30.00%
	明胶	6.00%
	新鲜柠檬汁	30.00%
	柠檬碎	2.00%
装饰	水果	适量

2. 操作步骤

① 明胶用冷水泡软备用

② 细砂糖、果汁、水入不锈钢锅加热

③ 明胶入锅搅拌溶化

4 果冻液中加入柠檬碎后入模

5 冷却的果冻液放入冰箱冷藏成形

6 模具在开水中快速浸泡

7 脱模、置盘

8 用水果装饰

3. 小贴士

（1）明胶等凝固剂一定要溶化彻底，不能有疙瘩。

（2）为确保果冻质量，要正确掌握明胶的用量。如用量太少，成品不能凝固成形；或凝固后的成品太软，不能保持应有的形状。相反，如用量太多，产品将坚硬，失去应有的口感和质感。

（3）在调制果冻液时，要将液体温度降至室温后，才能放入冰箱冷却。

4. 质量标准

晶莹透明、色泽美观，柠檬味、甜酸度适中、滑润爽口，透明、清澈。

第三篇

拓展篇

模块一 混酥类糕点制作

学习目标

掌握混酥类糕点的概念及主要原材料的种类。
掌握混酥类糕点制作的工器具种类及使用方法。
掌握混酥类糕点制作的面团搅拌、成形和成熟工艺及方法。

制作实例

草莓水果派

1. 原料配方

项目	原材料名称	烘焙百分比
坯料	低筋粉	100.00%
	黄油	50.00%

续表

项目	原材料名称	烘焙百分比
坯料	细砂糖	50.00%
	鸡蛋	50.00%
	泡打粉	3.00%
馅料	糖粉	100.00%
	鸡蛋	60.00%
	杏仁粉	100.00%
	低筋粉	60.00%
	稀奶油	60.00%
	黄油	100.00%

2. 制作条件

烘烤：上火温度 180℃、下火温度 210℃，时间 35 min。

3. 操作步骤

① 先将黄油与细砂糖放入搅拌机搅拌至微发

② 分次加入蛋液拌匀

③ 将低筋粉、泡打粉过筛后加入，拌成面团，松弛 20 min 备用

④ 将黄油、糖粉搅拌微发（馅料）

⑤ 分次加入蛋液拌匀（馅料）

⑥ 将低筋粉过筛后和杏仁粉一起拌匀（馅料）

⑦ 加入稀奶油拌匀即成馅料备用

⑧ 将松弛好的派皮用擀面棍擀成 0.4cm 厚

⑨ 将派皮放入派盘内，去除多余的面皮

⑩ 把备好的馅料（杏仁酱）挤入派皮中至八分满

⑪ 入炉烘烤

⑫ 成熟后取出

4. 小贴士

在拌馅料时，蛋液要分次加入，避免油水分离。

杏仁蓝莓派

1. 原料配方

项目	原材料名称	烘焙百分比
坯料	低筋粉	100.00%
	黄油	50.00%
	细砂糖	50.00%
	鸡蛋	50.00%
	泡打粉	3.00%
馅料	糖粉	100.00%
	鸡蛋	60.00%
	杏仁粉	100.00%
	低筋粉	60.00%
	稀奶油	60.00%
	黄油	100.00%
奶酥粒	细砂糖	100.00%
	黄油	100.00%
	低筋粉	200.00%
装饰	蓝莓	适量

2. 制作条件

烘烤：上火温度 180℃、下火温度 210℃，时间 35 min。

3. 操作步骤

1 先将黄油与细砂糖放入搅拌机搅拌至微发

2 分次加入蛋液拌匀

3 将低筋粉、泡打粉过筛后加入，拌成面团，松弛 20 min 备用

4 将黄油、糖粉搅拌微发（馅料）

5 分次加入蛋液拌匀（馅料）

6 将低筋粉过筛后和杏仁粉一起拌匀（馅料）

7 加入稀奶油拌匀即成馅料备用

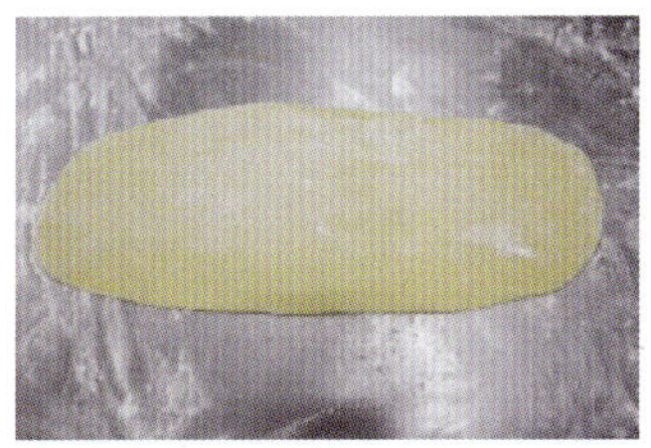

8 将松弛好的派皮用擀面棍擀成 0.4 cm 厚

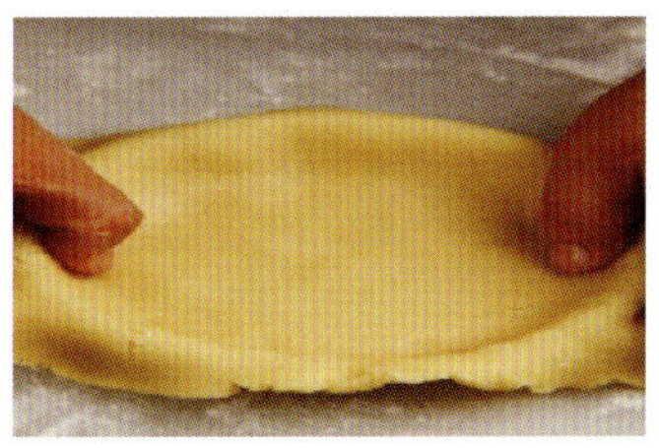

9 将派皮放入派盘内，去除多余的面皮

10 把备好的馅料（杏仁酱）挤入派皮至八分满

11 将配方中奶酥粒原料拌匀后搓成碎颗粒状撒在表面

12 再用蓝莓点缀馅料，然后入炉烘烤

4. 小贴士

（1）搅拌面团时，面团的筋度不可太强。

（2）擀压面皮时，不要将面皮擀压得太厚。

（3）派皮的底部需要戳一些小孔。

杏仁水果派

1. 原料配方

项目	原材料名称	烘焙百分比
坯料	低筋粉	100.00%
	黄油	50.00%
	细砂糖	50.00%
	鸡蛋	50.00%
	泡打粉	3.00%
馅料	糖粉	100.00%
	鸡蛋	60.00%
	杏仁粉	100.00%
	低筋粉	60.00%
	稀奶油	60.00%
	黄油	100.00%
装饰	蓝莓等水果	适量

2. 制作条件

烘烤：上火温度 180℃、下火温度 210℃，时间 35 min。

3. 操作步骤

①先将黄油与细砂糖放入搅拌机搅拌至微发

②分次加入蛋液拌匀

③将低筋粉、泡打粉过筛后加入，拌成面团，松弛 20 min 备用

④将黄油、糖粉搅拌微发（馅料）

⑤分次加入蛋液拌匀（馅料）

⑥将低筋粉过筛后和杏仁粉一起拌匀（馅料）

⑦加入稀奶油拌匀即成馅料备用

⑧将松弛好的派皮用擀面棍擀成 0.4 cm 厚

⑨将派皮放入派盘内，去除多余的面皮

⑩把备好的馅料（杏仁酱）挤入派皮至八分满

⑪入炉烘烤

⑫烤好的杏仁派上面用蓝莓等水果装饰

4. 小贴士

（1）搅拌面团时，面团的筋度不可太强。

（2）擀压面皮时，不要将面皮擀压得太厚。

（3）派皮的底部需要戳一些小孔。

杏仁樱桃派

1. 原料配方

项目	原材料名称	烘焙百分比
坯料	低筋粉	100.00%
	黄油	50.00%
	细砂糖	50.00%
	鸡蛋	50.00%
	泡打粉	3.00%
馅料	糖粉	100.00%
	鸡蛋	60.00%
	杏仁粉	100.00%
	低筋粉	60.00%
	稀奶油	60.00%
	黄油	100.00%
装饰	樱桃	适量

2. 制作条件

烘烤：上火温度 180℃、下火温度 210℃，时间 35 min。

3. 操作步骤

1 先将黄油与细砂糖放入搅拌机搅拌至微发

2 分次加入蛋液拌匀

3 将低筋粉、泡打粉过筛后加入拌成面团状，松弛 20 min 备用

4 将黄油、糖粉搅拌微发（馅料）

5 分次加入蛋液拌匀（馅料）

6 将低筋粉过筛后和杏仁粉一起拌匀

7 加入稀奶油拌匀即成馅料备用

8 将松弛好的派皮用擀面棍擀成 0.4 cm 厚

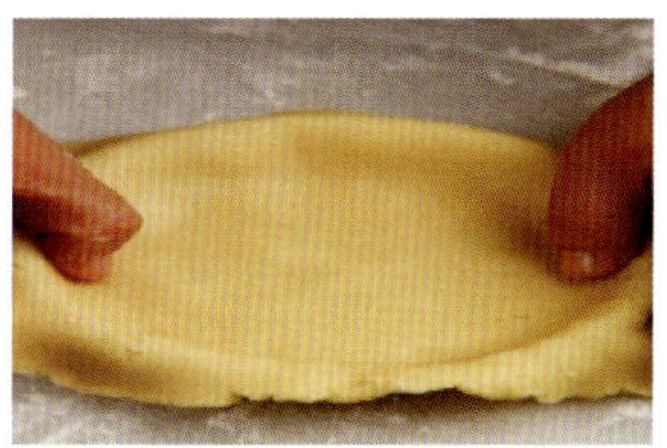

9 将派皮放入派盘内，去除多余的面皮

10 把备好的馅料（杏仁酱）挤入派皮至八分满

11 入炉烘烤成熟后，将备好的樱桃放在表面装饰

4. 小贴士

（1）搅拌面团时，面团的筋度不可太强。

（2）擀压面皮时，不要将面皮擀压得太厚。

（3）派皮的底部需要戳一些小孔。

模块二 混酥类饼干制作

学习目标

掌握混酥类饼干的概念及主要原材料的种类。
掌握混酥类饼干制作的工器具种类及使用方法。
掌握混酥类饼干制作的面团搅拌、成形和成熟工艺及方法。

制作实例

黄油曲奇

1. 原料配方

项目	原材料名称	烘焙百分比
坯料	黄油	75.00%
	糖粉	33.00%

续表

项目	原材料名称	烘焙百分比
坯料	盐	0.20%
	面包粉	50.00%
	低筋粉	50.00%
	鸡蛋	16.00%
	稀奶油	5.50%

2. 制作条件

烘烤：上火温度 190℃、下火温度 160℃，时间 16 min。

3. 操作步骤

1 将黄油、糖粉、盐搅打至发白

2 蛋液慢速加入，稀奶油慢速加入，拌匀

3 加入粉类，慢速搅拌至均匀

4 面糊装入裱花袋

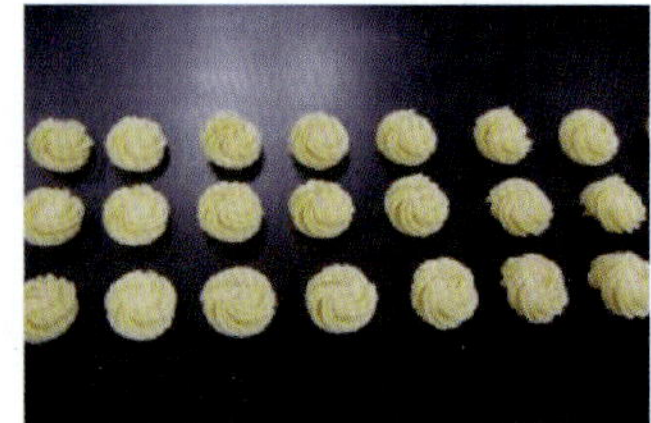

5 挤成曲奇状

6 放入烤箱烘烤成熟

4. 小贴士

（1）蛋液要慢速分次加入，稀奶油也要分次加入。

（2）粉类加入后要慢速搅拌，切勿用快速。

（3）挤曲奇面糊时，大小要均匀一致。

（4）挤在烤盘上的面糊之间距离要均匀一致。

趣软奶香曲奇

1. 原料配方

项目	原材料名称	烘焙百分比
坯料	烤焙奶油	71.00%
	糖粉	30.00%
	果脯糖浆	30.00%
	盐	1.50%
	鸡蛋	25.00%
	杏仁粉	30.00%
	泡打粉	1.50%
	低筋粉	100.00%
	葡萄干	46.00%
	燕麦片	32.00%

2. 制作条件

烘烤：上火温度 190℃、下火温度 160℃，时间 18 min。

3. 操作步骤

1 烤焙奶油、糖粉、果脯糖浆、盐搅拌至微发

2 慢速加入蛋液，拌匀

3 加入粉类，拌匀

4 加入葡萄干、燕麦片拌匀，放入冰箱冷冻

5 面坯分割成 35 g/ 个，稍压扁后摆盘

6 烘烤

4. 小贴士

（1）蛋液要慢速分次加入。

（2）加入粉类后要慢速拌匀。

孜滋薄脆

1. 原料配方

项目	原材料名称	烘焙百分比
坯料	蛋糕粉	80.00%
	高筋粉	20.00%
	糖粉	20.00%
	水	35.00%
	奶酥油	30.00%
馅料	蛋糕粉	150.00%
	糖粉	30.00%
	甜椒粉	3.00%
	盐	1.00%
	雪白乳化油	40.00%
	干葱	1.00%
	孜然粉	3.50%
	奶油芝士	6.00%
	稀奶油	15.00%
	奶酥油	40.00%

2. 制作条件

烘烤：上火温度 180℃、下火温度 170℃，时间 18 min。

3. 操作步骤

① 将坯料原料放入搅拌机中打至表面光滑

② 放置松弛半小时

③ 将馅料原料全部放入搅拌机中，拌匀后压成片

④ 面团擀成馅料的 2 倍大小后包入馅料

⑤ 擀成 1 cm 厚，4 折 2 次，3 折 1 次，再擀成 1 cm 厚成形

⑥ 冷冻 1 h 后，切成 9 cm × 0.4 cm 的长条，放入烤盘入炉烘烤成熟

4. 小贴士

面团和馅料的软硬度要保持一致。

金黄芝士饼干

1. 原料配方

项目	原材料名称	烘焙百分比
坯料	黄油	80.00%
	糖粉	24.00%
	低筋粉	100.00%
	核桃碎	32.00%
	帕玛森芝士	适量

2. 制作条件

烘烤：上火温度 140℃、下火温度 140℃，时间 20 min。

3. 操作步骤

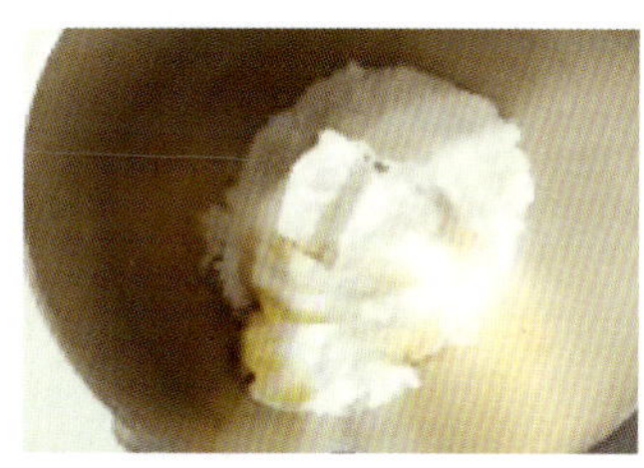

1 黄油、糖粉放入搅拌机

2 打发

3 加入过筛后的面粉搅拌，再加入核桃碎

4 面团擀薄，用保鲜膜覆盖后冷藏 4 h

5 分割成 10 g/ 个

6 搓圆

7 撒上帕玛森芝士粉

8 入炉烘烤成熟

4. 小贴士

不可反复搓圆，以防出油。

美式曲奇

1. 原料配方

项目	原材料名称	烘焙百分比
坯料	黄油	65.00%
	红糖	15.00%
	葡萄糖浆	5.00%
	盐	0.70%
	曲奇预混粉	100.00%
	可可粉	1.50%
	低筋粉	22.50%
	核桃碎	25.00%
	黑巧克力	20.00%
	苏打粉	2.50%

2. 制作条件

烘烤：上火温度 150℃、下火温度 160℃，时间 20 min。

3. 操作步骤

① 黄油、盐、红糖、葡萄糖浆放入搅拌机打发

② 低筋粉、苏打粉、可可粉过筛

③ 过筛后的各种粉和核桃碎、黑巧克力加入搅拌机搅打成面团

④ 用保鲜膜覆盖后冷藏 1 h

⑤ 面团分割成 25 g/ 个

⑥ 面团搓圆后压扁

⑦ 入炉烘烤成熟

4. 小贴士

面团要用手掌压平、压圆，中间稍高一点，边上比中间矮一点。

奶酪螺纹曲奇

1. 原料配方

项目	原材料名称	烘焙百分比
坯料	黄油	165.00%
	盐	1.50%
	糖粉	43.00%
	低筋粉	100.00%
	高筋粉	75.00%

2. 制作条件

烘烤：热风炉温度 120℃、时间 40 min。

3. 操作步骤

① 黄油、盐、糖粉加入搅拌机中速打发 6 min 至发白

② 加入过筛好的面粉

③ 面糊均匀裱挤在烤盘内

4 面坯入炉烘烤

4. 小贴士

低温长时间烘烤。

帕玛森芝士曲奇

1. 原料配方

项目	原材料名称	烘焙百分比
坯料	黄油	80.00%
	糖粉	40.00%
	鸡蛋	15.00%
	帕玛森芝士粉	32.00%
	低筋粉	110.00%
装饰	蛋黄	适量

2. 制作条件

烘烤：热风炉温度 145℃、时间 15 min。

3. 操作步骤

① 黄油、糖粉拌匀，分次加入蛋液

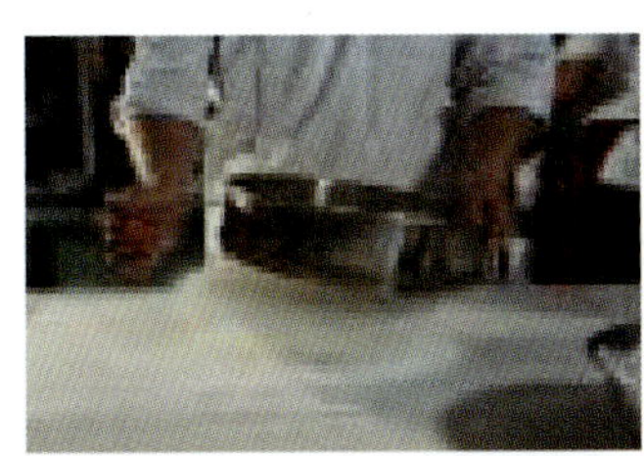

② 低筋粉、帕玛森芝士粉过筛

③ 加入低筋粉、帕玛森芝士粉拌匀

4 放入烤盘压平，厚度 5 mm

5 放入 4℃冰箱中冷藏 120 min

6 切成 8 cm × 1 cm 的长条形

7 放入烤盘，表面刷一次蛋黄，入炉烘烤成熟

4. 小贴士

拌面团时，面团的筋度不可太强。

巧克力饼干

1. 原料配方

项目	原材料名称	烘焙百分比
坯料	低筋粉	100.00%
	黄油	65.00%
	糖粉	50.00%
	鸡蛋	15.00%
装饰	黑巧克力	适量
	白巧克力	适量

2. 制作条件

烘烤：上火温度 160℃、下火温度 140℃，时间 20 min。

3. 操作步骤

① 将糖粉与黄油混合，揉至无颗粒

② 加入蛋液，拌匀

③ 加入低筋粉，搅拌至无颗粒，放入冰箱冷藏 30 min

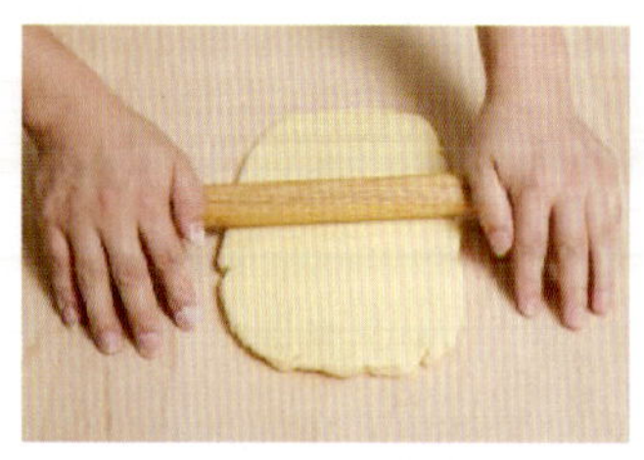
4 冷藏后的面团取出，用擀面棍擀至 0.4 cm 厚的薄片

5 用刻模刻出圆形

6 圆形面团平均整齐地置于烤盘上，放入烤箱

7 烘烤成熟后取出放凉

8 黑巧克力隔水融化

9 白巧克力隔水融化

10 饼干的一面蘸上黑巧克力

11 黑巧克力上用白巧克力划出线条

12 用牙签将线条画成图案

4. 小贴士

（1）黄油必须在软化的情况下使用。

（2）蛋液加入黄油中必须充分搅拌，可起到乳化作用。

（3）饼干蘸融化的巧克力时，巧克力温度不宜过高，以 32℃为佳。

模块三 面包制作

学习目标

掌握面包发酵的基本原理。
掌握软质面包制作的原材料种类及使用方法。
掌握软质面包制作的工器具种类及使用方法。
掌握软质面包制作的面团搅拌、成形和成熟工艺及方法。

制作实例

QQ 面包

1. 原料配方

项目	原材料名称	烘焙百分比
面团	高筋粉	100.00%
	细砂糖	20.00%

续表

项目	原材料名称	烘焙百分比
面团	高糖鲜酵母	2.50%
	面包改良剂	0.50%
	奶粉	4.00%
	盐	1.00%
	鸡蛋	10.00%
	乳酸发酵黄油	15.00%
	水	50.00%
馅料	温水（70℃左右）	100.00%
	糖粉	80.00%
	发酵黄油	40.00%
	熟糯米粉	50.00%
	可可粉	10.00%
装饰	双色墨西哥油	适量

2. 制作条件

醒发：温度 36℃、湿度 85%、时间 40 min。

烘烤：上火温度 200℃、下火温度 180℃，时间 15 min。

3. 操作步骤

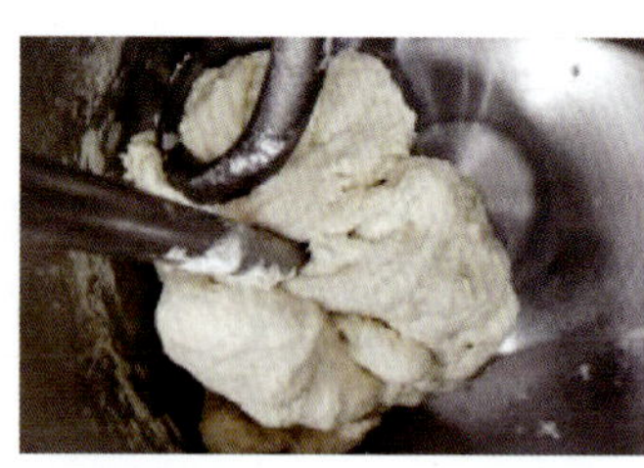

① 除盐和黄油外，其他原料混合打至面筋形成，加入盐和黄油打至完全扩展

② 静置松弛 15 min 后，分成 50 g/ 个

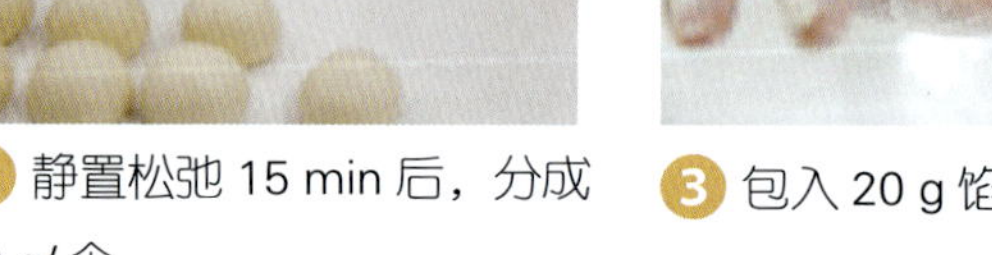

③ 包入 20 g 馅料

4 放入模具

5 放入发酵箱醒发至七分满，用双色墨西哥油装饰表面

6 放入烤炉烘烤成熟

4. 小贴士

（1）中间醒发的目的是将面团滚圆时受压的面筋恢复，使面团更具弹性及柔韧性，但松弛时间不能过长，否则会造成成品外形变形。

（2）装饰料的使用量不宜过多，避免压挤面坯，影响成品质量。

布利欧吐司

1. 原料配方

项目	原材料名称	烘焙百分比
面团	高筋粉	100.00%
	细砂糖	20.00%
	高糖鲜酵母	5.00%
	面包改良剂	0.50%
	盐	1.00%
	蛋黄	10.00%
	黄油	30.00%
	酵母面团预拌粉	5.00%
	奶粉	4.00%
	水	45.00%

2. 制作条件

醒发：温度 30℃、湿度 78%、时间 30 min。

烘烤：上火温度 160℃、下火温度 200℃，时间 30 min。

3. 操作步骤

① 除盐和黄油外，其他原料混合打至面筋形成，加入盐和黄油打至完全扩展

② 静置松弛 15 min，分成 150 g/ 个

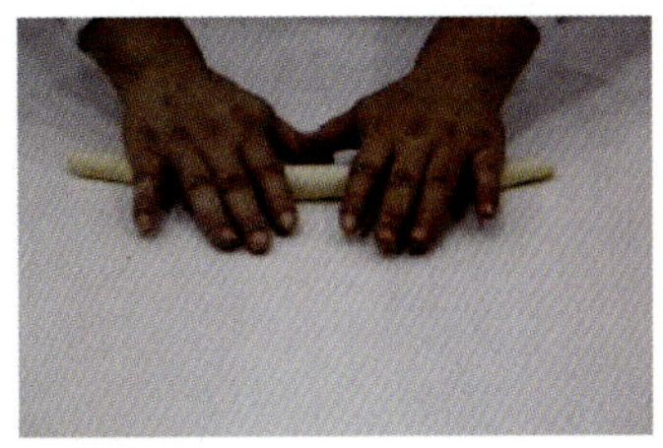
③ 搓成长条形

④ 编成辫子形

⑤ 放入吐司盒内，发酵至八分满

⑥ 表面刷蛋液，撒上装饰糖粉后放入烘炉烘烤成熟

4. 小贴士

面包醒发时，要经常观察发酵箱玻璃门内的水珠状况，分析发酵箱的温度、湿度状况。

脆皮面包

1. 原料配方

项目	原材料名称	烘焙百分比
面团	高筋粉	100.00%
	细砂糖	20.00%
	高糖鲜酵母	2.00%
	面包改良剂	0.50%
	奶粉	4.00%
	盐	1.00%
	鸡蛋	10.00%
	乳酸发酵黄油	10.00%
	水	50.00%
装饰	蛋白霜	适量
	防潮糖粉	适量

2. 制作条件

醒发：温度 36℃、湿度 80%、时间 60 min。

烘烤：上火温度 200℃、下火温度 180℃，时间 15 min。

3. 操作步骤

① 除盐和黄油外，其他原料混合打至面筋形成，加入盐和黄油打至完全扩展

② 静置松弛 15 min，分成 80 g/ 个，搓圆

③ 放入发酵箱醒发

④ 表面抹蛋白霜

⑤ 放入烤炉烘烤成熟，出炉后筛上防潮糖粉

4. 小贴士

（1）面团成形时，应尽快完成工作，防止面团表面结皮。

（2）面团成形后，应将面团收口处朝下码放，以防烘烤时收口处开裂，影响成品的质量及外观。

（3）不要经常打开发酵箱的门，防止水汽散失。

（4）面团醒发后，取出烤盘时要轻拿轻放，防止大的振动和碰撞导致面坯中气泡塌陷。

红豆面包

1. 原料配方

项目	原材料名称	烘焙百分比
面团	高筋粉	100.00%
	细砂糖	20.00%
	高糖鲜酵母	3.00%
	面包改良剂	0.50%
	奶粉	4.00%
	盐	1.00%
	鸡蛋	10.00%
	黄油	20.00%
	水	45.00%
	蜜红豆粒	适量

2. 制作条件

醒发：温度 36℃、湿度 8%、时间 40 min。

烘烤：上火温度 200℃、下火温度 180℃，时间 20 min。

3. 操作步骤

① 除盐和黄油外，其他原料混合打至面筋形成，加入盐和黄油打至完全扩展

② 静置松弛 15 min，分成 200 g/ 个，搓圆

③ 擀开，撒蜜红豆粒，卷成条状

④ 放入发酵箱醒发

⑤ 表面刷蛋液，划刀口

⑥ 放入烤炉烘烤成熟

4. 小贴士

（1）注意控制面团搅拌的速度。面包面团的搅拌是通过机械动作使面筋扩展，成为有弹性和延伸性的面团，同时在搅拌过程中会产生摩擦热。面团过高的温度易造成面团过早发酵，使产品内部组织粗糙，因此应尽量用中、慢速搅拌面团。

（2）面团分割时，需要考虑面坯在烘烤中的损耗。损耗一般为面坯重量的 10% 左右。

（3）面包醒发时，要经常观察发酵箱玻璃门内的水珠状况，分析发酵箱的温度、湿度状况，并及时通整。

海盐牛角

1. 原料配方

项目	原材料名称	烘焙百分比
面团	面包粉	100.00%
	冰水	65.00%
	黄油	50.00%
	糖	5.00%
	酵母	1.00%
	盐	2.00%
	面包改良剂	0.50%
	奶油	5.00%
	老面团	30.00%
	汤种	20.00%
	谷朊粉	4.00%
	麦芽糊精	1.50%
装饰	海盐	适量
	鸡蛋	适量

2. 制作条件

醒发：温度 36℃、湿度 80%、时间 30 min。

烘烤：上火温度 230℃、下火温度 200℃，时间 10 min。

3. 操作步骤

① 把面包粉、酵母、糖放入搅拌机中搅拌，然后加入液体拌匀

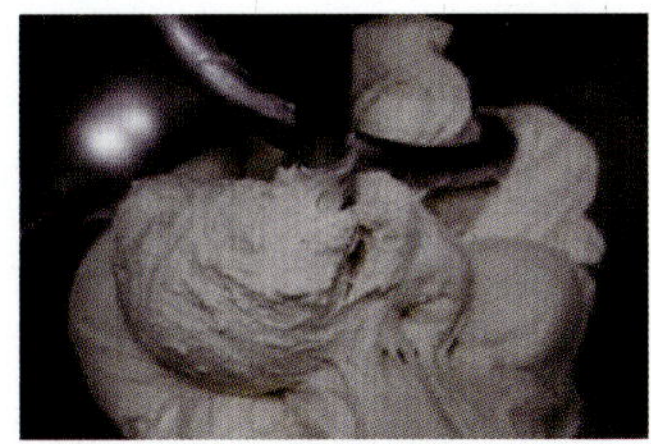

② 慢速拌匀至成团，再加入老面团快速搅拌

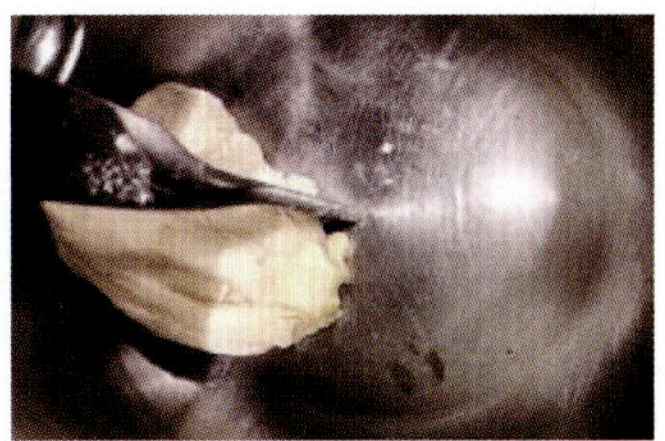

③ 搅拌至面筋扩展，加入黄油、盐搅拌均匀

④ 快速搅拌至面筋完全扩展

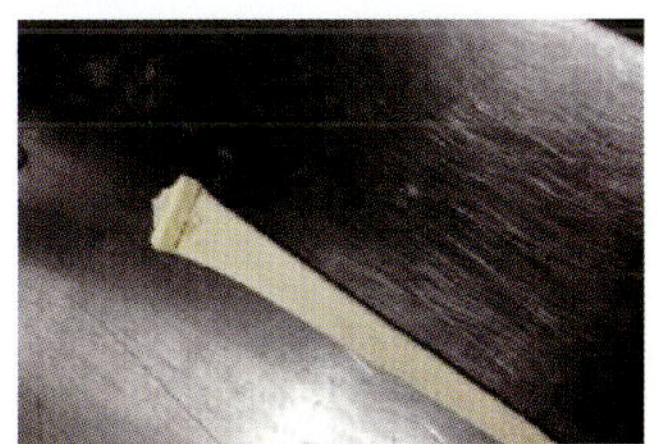

⑤ 把面团搓成水滴状，擀开，挤入 10 g 黄油

⑥ 卷成牛角状

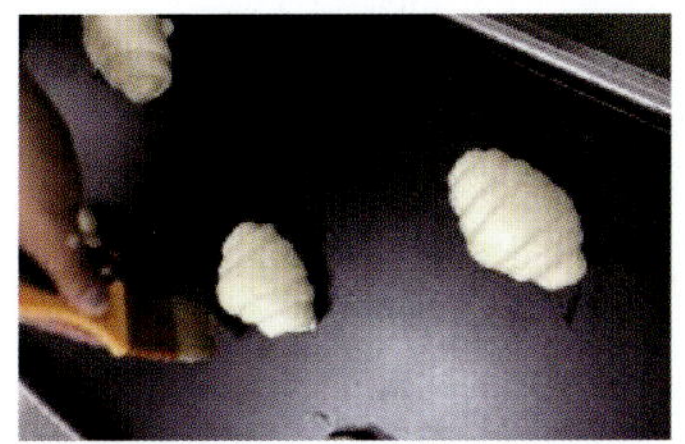

⑦ 放入醒发箱醒发

⑧ 发酵完成后，表面刷蛋液，撒海盐

⑨ 放入烤箱烘烤成熟

4. 小贴士

（1）面团卷起时，要松紧适度。

（2）摆盘要均匀。

（3）醒发完成后，稍微晾干一下表面的水汽，再刷蛋液。

（4）海盐要少量，撒在中间部分，以免过咸影响口感。

（5）烘烤完成后，出炉时震一下烤盘。

奶油排包

1. 原料配方

项目	原材料名称	烘焙百分比
面团	老面团	50.00%
	酵母	1.25%
	面包改良剂	0.25%
	白砂糖	20.00%
	牛奶	30.00%
	鸡蛋	25.00%
	盐	9.00%
	面包粉	100.00%
	奶油	15.00%

2. 制作条件

醒发：温度 38℃、湿度 85%、时间 50 min。

烘烤：上火温度 190℃、下火温度 180℃，时间 30 min。

3. 操作步骤

① 把面包粉、酵母、白砂糖放入搅拌机中搅拌，然后加入液体搅拌均匀

② 先慢速拌匀至成团，再快速搅拌

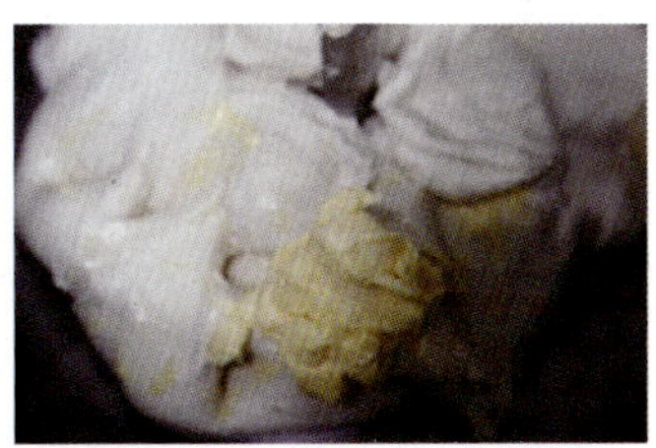
③ 搅拌至面筋扩展，加入奶油、盐拌匀

④ 快速搅拌至面筋完全扩展

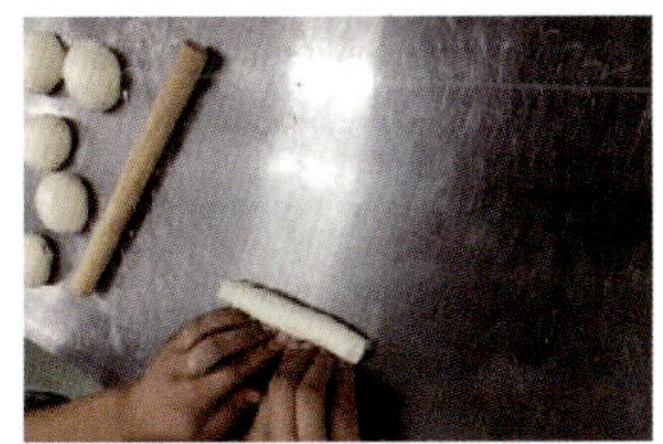
⑤ 将面团擀开，卷成条状，放置松弛 10 min

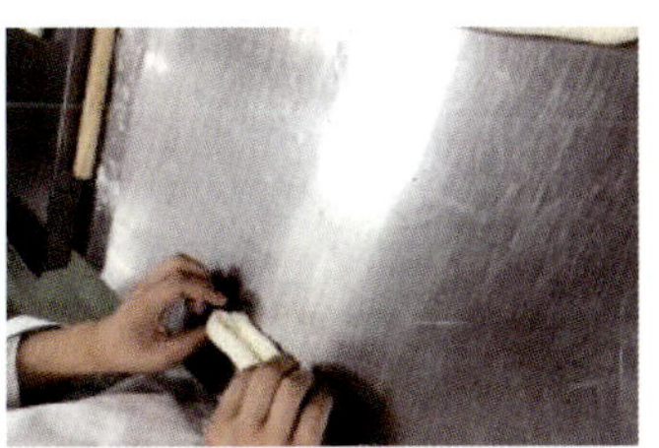
⑥ 将松弛好的条状面团搓长，在三分之一处一次折叠，再将另一端折叠

⑦ 放入烤盘醒发

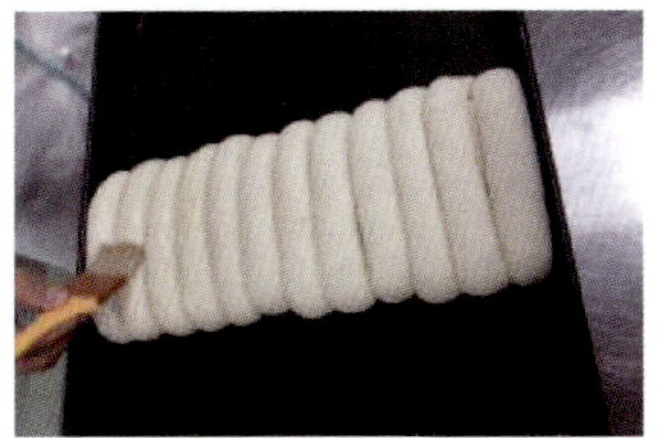
⑧ 醒发好后，在表面刷上蛋液

⑨ 放入烤炉烘烤成熟

4. 小贴士

（1）酵母、糖、盐要分开盛放。

（2）加入黄油后，要慢速拌匀，然后切换至快速。

（3）面团卷起时，要松紧适度。

（4）摆盘要均匀。

（5）发酵完成后，表面稍微晾干，再刷蛋液，刷蛋液要均匀。

培根芝士

1. 原料配方

项目	原材料名称	烘焙百分比
面团	高筋粉	100.00%
	细砂糖	20.00%
	高糖鲜酵母	2.50%
	面包改良剂	0.50%
	奶粉	4.00%
	盐	1.00%
	鸡蛋	10.00%
	黄油	15.00%
	水	50.00%
馅料	培根	适量
	芝士	适量
装饰	沙拉酱	适量

2. 制作条件

醒发：温度 32℃、湿度 80%、时间 60 min。

烘烤：上火温度 200℃、下火温度 180℃，时间 18 min。

3. 操作步骤

① 除盐和黄油外，其他粉料放入搅拌机中混合，打至面筋七成扩展，加入盐和黄油打至完全扩展

② 静置松弛 15 min，分成 60 g/ 个，搓圆备用

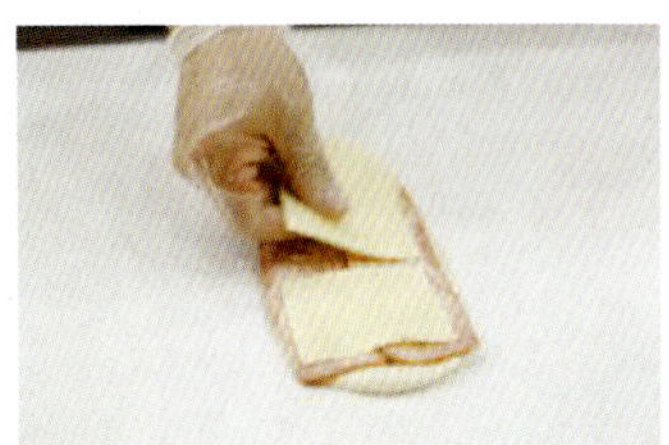

③ 面团擀成片状，放上培根和芝士片

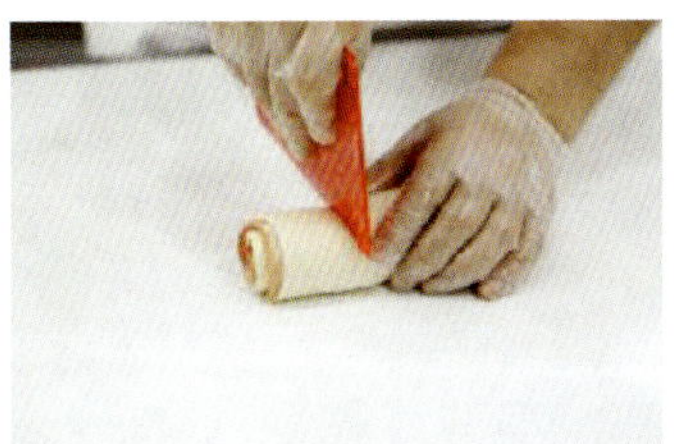

④ 卷起后从中间切断

⑤ 切口朝上，并排放入纸模

⑥ 放入发酵箱醒发

⑦ 醒发好后，表面先刷蛋液，再挤沙拉酱

⑧ 放入烤炉烘烤成熟

4. 小贴士

（1）面团成形时，应尽快完成工作，防止面团表面结皮。

（2）面团装盘时，应做到不同性质、不同大小的面坯不放在同一烤盘中。

肉松卷

1. 原料配方

项目	原材料名称	烘焙百分比
面团	高筋粉	100.00%
	细砂糖	20.00%
	高糖鲜酵母	2.50%
	面包改良剂	0.50%
	奶粉	4.00%
	盐	1.00%
	鸡蛋	10.00%
	黄油	15.00%
	水	50.00%
馅料	沙拉酱	适量
	肉松	适量
装饰	白芝麻	适量
	葱	适量

2. 制作条件

醒发：温度 36℃、湿度 80%、时间 50 min。

烘烤：上火温度 200℃、下火温度 180℃，时间 15 min。

3. 操作步骤

① 除盐和黄油外，其他粉料放入搅拌机中混合，打至面筋七成扩展，加入盐和黄油打至完全扩展

② 静置松弛 15 min，分成 1 200 g/ 个

③ 放入烤盘压平，用竹签戳小孔

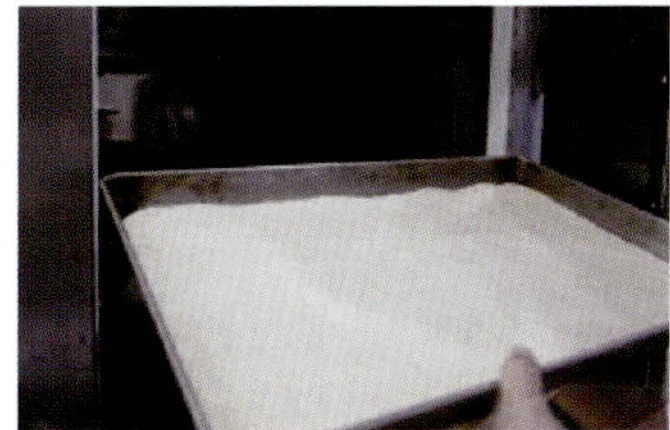
④ 放入发酵箱醒发

⑤ 刷蛋液，撒白芝麻和葱

⑥ 放入烤炉烘烤成熟

⑦ 出炉后脱盘，从中间切开

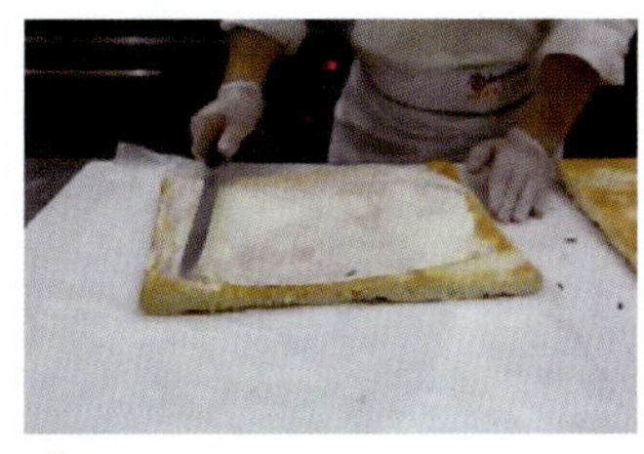
⑧ 抹上沙拉酱

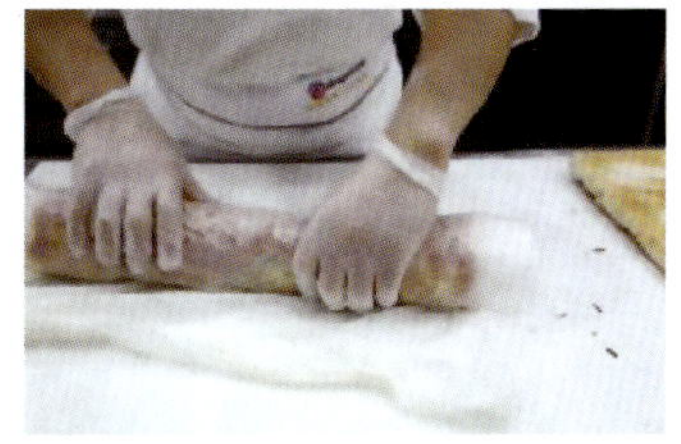
⑨ 卷起

⑩ 切成长 15 cm 的面包卷

⑪ 切面抹沙拉酱后粘肉松

4. 小贴士

（1）最后成形及装饰阶段技术动作要灵活、轻巧。

（2）刷蛋液的动作要轻柔，刷蛋量以蛋液不从面坯表面流下为宜。蛋液的浓度可根据需要调节。

乳酸面包

1. 原料配方

项目	原材料名称	烘焙百分比
面团	高筋粉	100.00%
	细砂糖	20.00%
	高糖鲜酵母	3.00%
	面包改良剂	0.50%
	酸奶	20.00%
	盐	1.00%
	鸡蛋	10.00%
	乳酸发酵黄油	15.00%
	水	40.00%

2. 制作条件

醒发：温度 36℃、湿度 80%、时间 40 min。

烘烤：上火温度 200℃、下火温度 180℃，时间 30 min。

3. 操作步骤

① 除盐和黄油外，其他粉料放入搅拌机中混合，打至面筋七成扩展，加入盐和黄油打至完全扩展

② 静置松弛 15 min，分成 150 g/ 个，搓圆

③ 放入吐司模具中

④ 放入发酵箱醒发至八分满

⑤ 放入烤炉烘灶成熟

4. 小贴士

（1）面团成形时，应尽快完成工作，防止面团表面结皮。

（2）面团装盘时，应做到不同性质、不同大小的面坯不放在同一烤盘中。

小皇冠

1. 原料配方

项目	原材料名称	烘焙百分比
面团	高筋粉	100.00%
	白砂糖	20.00%
	高糖鲜酵母	2.50%
	面包改良剂	0.50%
	奶粉	4.00%
	盐	1.00%
	鸡蛋	10.00%
	黄油	15.00%
	水	50.00%

2. 制作条件

醒发：温度 36℃、湿度 78%、时间 40 min。

烘烤：上火温度 200℃、下火温度 180℃，时间 25 min。

3. 操作步骤

1 除盐和黄油外，其他原料放入搅拌机中混合，打至面筋形成，加入盐和黄油打至完全扩展

2 静置松弛 15 min，分成 20 g/个，搓圆

3 将 5 个面团均匀放在模具中

4 放入发酵箱醒发

5 醒发好后，表面刷蛋液

6 放入烤炉烘烤成熟

4. 小贴士

面团成形后，应将面团收口处朝下码放，以防烘烤时收口处开裂，影响成品的质量及外观。

元气咖喱

1. 原料配方

项目	原材料名称	烘焙百分比
面团	面包粉	100.00%
	细砂糖	16.00%
	盐	1.20%
	酵母	1.00%
	奶粉	4.00%
	面粉改良剂	0.30%
	水	60.00%
	鸡蛋	10.00%
	乳品发酵奶油	12.00%
装饰	咖喱馅	适量
	海苔片	适量

2. 制作条件

醒发：温度 36℃、湿度 78%、时间 40 min。

烘烤：上火温度 190℃、下火温度 160℃，时间 18 min。

3. 操作步骤

1 把面包粉、酵母、细砂糖、奶粉、面粉改良剂放入搅拌机中搅拌，然后加入液体拌匀

2 先慢速拌匀成团，再快速搅拌

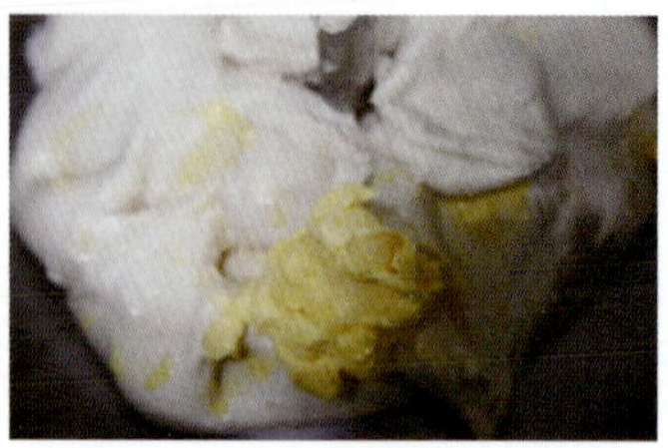
3 搅拌至面筋扩展，加入乳品发酵奶油、盐拌匀

4 快速搅拌至面筋完全扩展

5 包入咖喱馅

6 做成三角形

7 包海苔片后摆盘，放入发酵箱醒发

8 表面盖高温布再盖烤盘后，放入烤炉烘烤成熟

4. 小贴士

（1）酵母、糖、盐要分开盛放。

（2）加入乳品发酵奶油后，先慢速拌匀，再切换至快速。

芝士堡

1. 原料配方

项目	原材料名称	烘焙百分比
面团	高筋粉	100.00%
	细砂糖	20.00%
	高糖鲜酵母	2.50%
	面包改良剂	0.50%
	奶粉	4.00%
	盐	1.00%
	鸡蛋	10.00%
	乳酸发酵黄油	15.00%
	水	50.00%
馅料	乳酪馅	适量
装饰	马苏里拉芝士	适量

2. 制作条件

醒发：温度 36℃、湿度 85%、时间 40 min。

烘烤：上火温度 200℃、下火温度 180℃，时间 18 min。

3. 操作步骤

① 除盐和黄油外，其他原料放入搅拌机中混合，打至面筋形成，加入盐和黄油打至完全扩展

② 静置松弛 15 min，分成 60 g/ 个，搓圆

③ 面团擀开，挤上乳酪馅

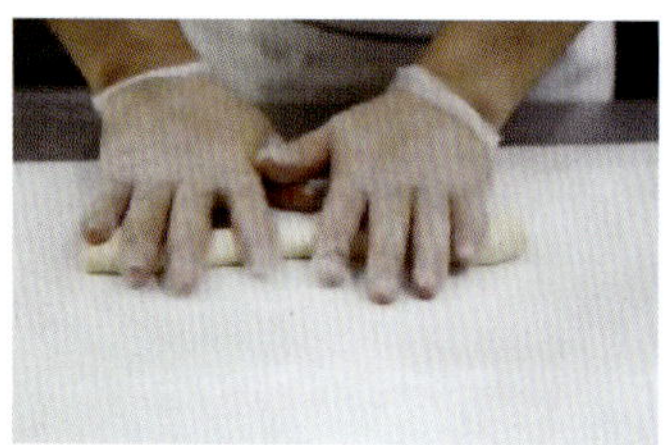

④ 卷起搓成长条形

⑤ 编成花环，放入纸模

⑥ 放入发酵箱醒发

⑦ 醒发好后，表面刷蛋液，撒马苏里拉芝士

⑧ 放入烤炉烘烤成熟

4. 小贴士

装饰料的使用量不宜过多，避免压挤面坯，影响成品质量。

汉堡包三明治

1. 原料配方

项目	原材料名称	烘焙百分比
原材料	面包	100.00%
	黄瓜	适量
	沙拉酱	适量
	生菜	适量
	番茄	适量

2. 制作条件

成品形状：圆形。

产品分类：面包类——汉堡包。

3. 操作步骤

① 番茄切片待用

② 黄瓜切片待用

③ 面包中间切开待用

④ 裱挤沙拉酱

⑤ 涂抹均匀

⑥ 放上黄瓜片

⑦ 放上番茄片

⑧ 挤上沙拉酱，再放上生菜

⑨ 加上另一片面包

4. 小贴士

（1）加工后是直接食用的产品，因此制作时需要佩戴一次性手套。

（2）蔬菜需要清洗干净。

（3）面包要适当冷却一点。

吐司三明治

1. 原料配方

项目	原材料名称	烘焙百分比
原材料	吐司	100.00%
	黄瓜	适量
	沙拉酱	适量
	生菜	适量
	番茄	适量

2. 制作条件

成品形状：吐司。

产品分类：面包类——吐司。

3. 操作步骤

① 番茄切片待用

② 黄瓜切片待用

③ 吐司分割

4 吐司涂抹沙拉酱

5 放上生菜

6 放上黄瓜片和番茄片

7 加上另一片吐司

8 四周去边

9 平均分成 2 个三角形

4. 小贴士

（1）加工后是直接食用的产品，因此制作时需要佩戴一次性手套。

（2）蔬菜需要清洗干净

（3）吐司原料要适当冷却一点。

模块四　蛋糕制作

学习目标

掌握蛋糕的种类及蛋糕膨松原理。

掌握蛋糕制作的原材料种类及使用方法。

掌握蛋糕制作的工器具种类及使用方法。

掌握蛋糕制作的面糊搅拌、成形和成熟工艺及方法。

制作实例

草莓蔓越莓磅蛋糕

1. 原料配方

项目	原材料名称	烘焙百分比
坯料	黄油	100.00%

续表

项目	原材料名称	烘焙百分比
坯料	糖粉	100.00%
	鸡蛋	80.00%
	低筋粉	100.00%
	泡打粉	2.00%
	蔓越莓干	75.00%
	草莓果酱	20.00%
	白兰地	20.00%
装饰	蔓越莓干	适量
	巧克力片	适量

2. 制作条件

烘烤：上火温度 160℃、下火温度 170℃、时间 45 min。

3. 操作步骤

1 将黄油加入搅拌机中，慢速搅拌

2 加入糖粉搅拌至无颗粒

3 蛋液分多次加入，拌匀

4 加入低筋粉、泡打粉拌匀

5 加入白兰地浸泡后的蔓越莓干、草莓果酱拌匀

6 将拌匀的面糊挤入模具中，放入烤箱烘烤成熟

7 用蔓越莓干与巧克力片点缀装饰

4. 小贴士

（1）黄油必须在室温下放置一夜后方可使用。

（2）低筋粉必须过筛。

（3）蛋液必须分多次加入，每次完全吸收后才可再次加入。

（4）成品出炉后必须涂抹 1 ： 1 糖水。

海绵船蛋糕

1. 原料配方

项目	原材料名称	烘焙百分比
A	鸡蛋	273.00%
	细砂糖	91.00%
	盐	7.00%
B	蛋糕粉	100.00%
C	蛋糕油	14.00%
D	牛奶	36.00%
	蜂蜜	9.00%
	色拉油	68.00%
E	蔓越莓干	适量

2. 制作条件

烘烤：上火温度 175℃、下火温度 155℃，时间 25 min。

3. 操作步骤

1 A 部分搅打至细砂糖、盐溶化

2 加入过筛后的蛋糕粉拌匀

3 加入蛋糕油，高速搅拌

4 打发后加入 D 部分，搅拌至面糊光滑即可

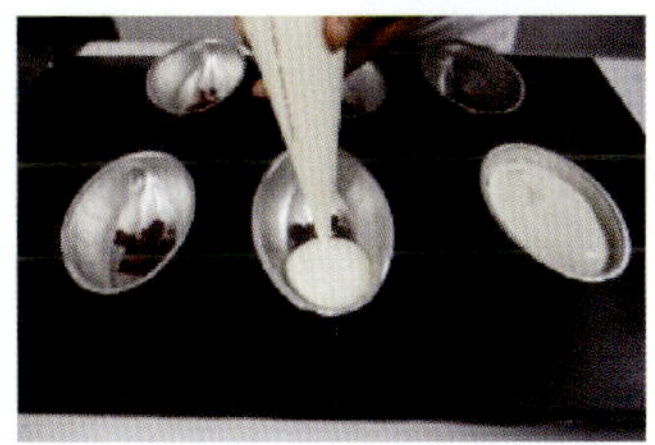

5 模具底部撒蔓越莓干，面糊倒入模具，振动排气后入炉烘烤

6 出炉后，倒扣冷却，脱模

4. 小贴士

（1）加入蛋糕油，不要打至比重 0.4 以下。

（2）加入色拉油和牛奶后，立即用慢速拌匀。

（3）振动排气，防止大气孔。

（4）为便于脱模，可在模具内喷上脱模油。

咖啡核桃磅蛋糕

1. 原料配方

项目	原材料名称	烘焙百分比
坯料	黄油	100.00%
	糖粉	100.00%
	鸡蛋	80.00%
	低筋粉	100.00%
	泡打粉	2.00%
	核桃	75.00%
	速溶咖啡	15.00%
	白兰地	15.00%
装饰	核桃碎	适量
	开心果碎	适量
	防潮糖粉	适量

2. 制作条件

烘烤：上火温度 160℃、下火温度 170℃，时间 25 min。

3. 操作步骤

① 将黄油加入搅拌机中，慢速搅拌

② 加入糖粉搅拌至无颗粒

③ 蛋液分多次加入，拌匀

④ 加入低筋粉、泡打粉，拌匀

⑤ 加入白兰地浸泡的咖啡、核桃碎，拌匀

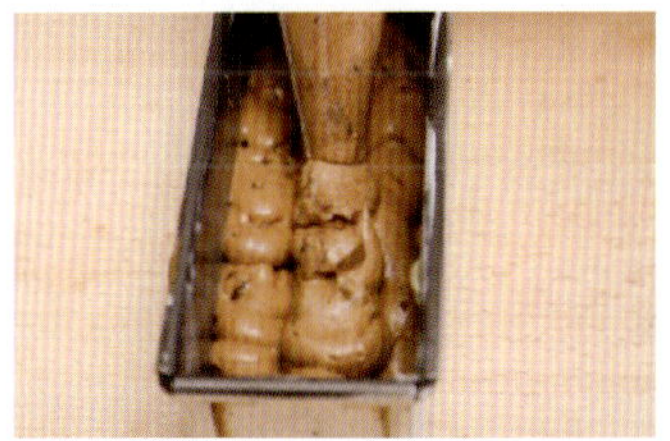

⑥ 将拌匀的面糊挤入模具中，放入烤箱烘烤成熟

⑦ 用核桃碎、开心果碎点缀装饰，撒上防潮糖粉

4. 小贴士

蛋液分批加入，待上次加入的蛋液完全融入面团后方可再次加入。

抹茶红豆磅蛋糕

1. 原料配方

项目	原材料名称	烘焙百分比
坯料	黄油	100.00%
	糖粉	100.00%
	鸡蛋	80.00%
	低筋粉	100.00%
	泡打粉	2.00%
	蜜红豆粒	80.00%
	抹茶粉	8.00%
装饰	糖霜	适量
	酥粒	适量
	糖粉	适量

2. 制作条件

烘烤：上火温度 160℃、下火温度 170℃，时间 25 min。

3. 操作步骤

① 将黄油加入搅拌机中，慢速搅拌

② 加入糖粉搅拌至无颗粒

③ 蛋液分多次加入，拌匀

④ 加入低筋粉、抹茶粉、泡打粉，拌匀

⑤ 加入蜜红豆粒，拌匀

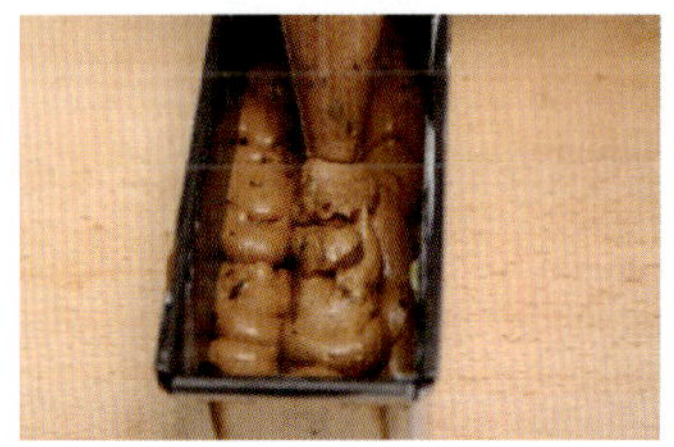

⑥ 将拌匀的面糊挤入模具中，放入烤箱烘烤成熟

⑦ 表面抹上糖霜，装饰酥粒

⑧ 撒上防潮糖粉，制作完成

4. 小贴士

（1）黄油必须在室温下放置一夜方可使用。

（2）低筋粉必须过筛。

（3）蛋液必须分多次加入，每次完全吸收后方可再次加入。

（4）成品出炉后可以涂抹 1 ∶ 1 糖水。

原味提子磅蛋糕

1. 原料配方

项目	原材料名称	烘焙百分比
坯料	黄油	100.00%
	糖粉	100.00%
	鸡蛋	80.00%
	低筋粉	100.00%
	泡打粉	2.00%
	酒浸提子干	8.00%

2. 制作条件

烘烤：上火温度 160℃、下火温度 170℃，时间 25 min。

3. 操作步骤

① 将黄油加入搅拌机中，慢速搅拌

② 加入糖粉搅拌至无颗粒

③ 蛋液分多次加入，拌匀

④ 加入低筋粉、泡打粉，拌匀

⑤ 加入酒浸提子干，拌匀

⑥ 将拌匀的面糊挤入模具中，放入烤箱烘烤成熟

⑦ 出炉后表面刷糖水

⑧ 脱模后冷却放置，冷藏一夜后即可切片享用

4. 小贴士

（1）黄油必须在室温下放置一夜方可使用。

（2）低筋粉必须过筛。

（3）蛋液必须分多次加入，每次完全吸收后方可再次加入。

（4）成品出炉后必须涂抹 1 ： 1 糖水。

超软海绵蛋糕

1. 原料配方

项目	原材料名称	烘焙百分比
坯料	蛋糕预混粉	100.00%
	鸡蛋	140.00%
	水	20.00%
	蛋糕乳化剂	5.00%
	色拉油	28.00%

2. 制作条件

烘烤：上火温度 190℃、下火温度 160℃，时间 15 min。

3. 操作步骤

① 原料准备

② 鸡蛋、水、蛋糕乳化剂一起慢速拌匀

③ 加入蛋糕预混粉慢速搅打 2 min

4 刮缸

5 高速搅打 5~8 min

6 加入色拉油拌匀

7 烤盘中铺纸，装入蛋糕面糊

8 40 cm × 60 cm 的烤盘中装入 900 g 面糊后刮平

9 放入烤炉烘烤成熟

10 取出后把蛋糕翻转倒出

11 把底下的纸撕掉，然后再盖上去

4. 小贴士

（1）把纸撕掉再盖上可使蛋糕在自然收缩时纸不会皱起来。

（2）刮缸的目的是把底下和四周搅打不到的固体刮起来拌匀，让蛋糕面糊充分乳化。

蔓越莓蛋糕

1. 原料配方

项目	原材料名称	烘焙百分比
坯料	黄油	50.00%
	起酥油	20.00%
	白砂糖	100.00%
	鸡蛋	100.00%
	泡打粉	1.00%
	低筋粉	100.00%
	牛奶	7.00%
	黑朗姆酒	3.00%
	蔓越莓干	70.00%

2. 制作条件

烘烤：上火温度 170℃、下火温度 170℃，时间 35 min。

3. 操作步骤

① 黄油、起酥油、白砂糖放入搅拌机中拌匀

② 蛋液隔水加热到 39℃

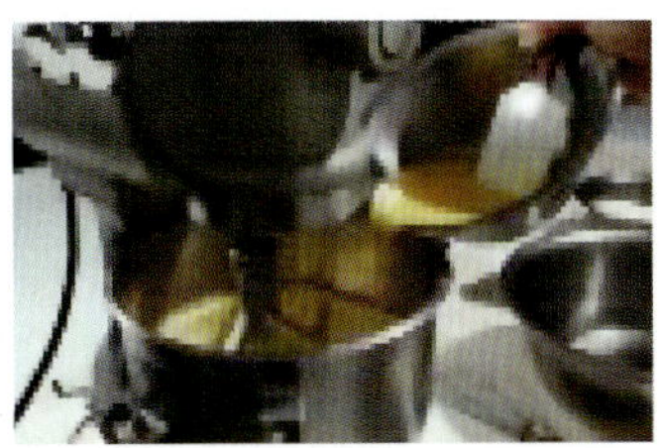

③ 蛋液分三次加入搅拌机中拌匀

④ 低筋粉、泡打粉过筛后加入搅拌机中拌匀

⑤ 加入牛奶和黑朗姆酒拌匀

⑥ 加入蔓越莓干拌匀

⑦ 装入模具后放入烤炉烘烤成熟

4. 小贴士

可以留一部分蛋液和牛奶一起加入。

日式黄油蛋糕

1. 原料配方

项目	原材料名称	烘焙百分比
坯料	黄油	50.00%
	起酥油	20.00%
	白砂糖	100.00%
	鸡蛋	100.00%
	泡打粉	1.00%
	朗姆酒	3.00%
	牛奶	7.00%
	低筋粉	100.00%

2. 制作条件

烘烤：上火温度 170℃、下火温度 170℃，时间 35 min。

3. 操作步骤

① 原料准备

② 黄油、起酥油、砂糖放入搅拌机中拌匀

③ 蛋液隔水加热到 39℃

④ 蛋液分三次加入搅拌机中拌匀

⑤ 低筋粉、泡打粉过筛后加入搅拌机中拌匀

⑥ 加入牛奶和朗姆酒拌匀

⑦ 装入模具后放入烤炉烘烤成熟

4. 小贴士

（1）蛋液可以留一部分和牛奶一起加入。

（2）蛋糕面糊刮平时，两头可稍留高一些。

无花果蛋糕

1. 原料配方

项目	原材料名称	烘焙百分比
坯料	黄油	95.00%
	白砂糖	90.00%
	盐	0.50%
	稀奶油	11.00%
	鸡蛋	93.00%
	蛋黄	18.00%
	低筋粉	100.00%
	杏仁粉	10.00%
	泡打粉	1.00%
	无花果干	110.00%

2. 制作条件

烘烤：上火温度 170℃、下火温度 165℃，时间 40 min。

3. 操作步骤

① 黄油、白砂糖放入搅拌机中拌匀

② 蛋液隔水加热到 39℃

③ 蛋液分三次加入搅拌机中拌匀，再加入稀奶油、蛋黄拌匀

④ 低筋粉、杏仁粉、泡打粉过筛

⑤ 加入粉类原料和盐后拌匀

⑥ 加入无花果干拌匀

⑦ 装入模具后，抹平放入烤炉烘烤成熟

4. 小贴士

出炉后，表面可用少许白巧克力、开心果装饰。

奥地利甜点

1. 原料配方

项目	原材料名称	烘焙百分比
坯料	鸡蛋	230.00%
	细砂糖	100.00%
	蜂蜜	35.00%
	中筋粉	100.00%
	可可粉	22.00%
	泡打粉	1.00%
	稀奶油	62.00%
	色拉油	62.00%
芝士馅	奶油芝士	34.00%
	细砂糖	4.40%
	牛奶	10.00%
	吉士粉	4.30%
装饰	蓝莓	适量
	草莓	适量
	奶油	适量

2. 制作条件

烘烤：上火温度 180℃、下火温度 175℃，时间 30 min。

3. 操作步骤

① 将全蛋倒入搅拌机中

② 将细砂糖、蜂蜜倒入搅拌机中拌匀

③ 将可可粉、中筋粉、泡打粉倒入搅拌机中拌匀

④ 倒入色拉油进行搅拌

⑤ 倒入稀奶油，拌匀后倒入烤盘中，放入烤箱烘烤成熟

⑥ 奶油芝士中加入细砂糖、牛奶，搅拌至无颗粒

⑦ 加入吉士粉拌匀

⑧ 将芝士馅挤在蛋糕胚体上

⑨ 其上再覆盖一层蛋糕胚体

⑩ 将做好的蛋糕切成 10 cm × 3.5 cm 的长条，其上装饰蓝莓、草莓、打发好的奶油

4. 小贴士

蛋液温度常温最佳。

模块五　果冻制作

学习目标

掌握果冻的种类及凝固原理。

掌握果冻制作的原材料种类及使用方法。

掌握果冻制作的工器具种类及使用方法。

掌握果冻液调制、成形工艺及方法。

● 制作实例 ●

草莓果冻

1. 原料配方

项目	原材料名称	烘焙百分比
A	果冻粉	3.00%

续表

项目	原材料名称	烘焙百分比
A	白砂糖	10.00%
	纯净水	100.00%
B	纯净水	100.00%
	明胶	12.00%
	草莓果酱	200.00%
	君度酒	5.00%
C	奶油	适量
	草莓果酱	适量
D	新鲜草莓	适量

2. 操作步骤

① 将果冻粉加入糖碗中拌匀

② 加入纯净水，置于电磁炉上煮沸，冷却待用

③ 将泡软后的明胶放入水中加热溶化

④ 加入草莓果酱拌匀

⑤ 加入君度酒，拌匀

⑥ 将草莓果冻液倒入杯中至 1 cm 高度，置于冰箱冷藏凝固

7 将洗净去蒂的草莓放入杯中约八分满

8 倒入冷却后的果冻液约八分满，置于冰箱冷藏

9 将草莓果酱与打发好的奶油搅拌

10 装入裱花嘴，挤满杯口，用薄荷叶装饰

3. 小贴士

（1）果冻粉必须跟糖混合后与水搅拌，不能单独搅拌，否则会出现颗粒物。

（2）果冻液必须冷藏至固体状方可进行下一步。

（3）溶化明胶的水温不宜超过 60℃，否则会影响明胶的凝固效果。

蓝莓果冻

1. 原料配方

项目	原材料名称	烘焙百分比
A	果冻粉	3.00%
	白砂糖	10.00%
	纯净水	100.00%
B	纯净水	100.00%
	明胶	12.00%
	蓝莓果酱	200.00%
	君度酒	5.00%
C	奶油	适量
	蓝莓果酱	适量
D	新鲜蓝莓	适量

2. 操作步骤

① 将果冻粉加入糖碗中，拌匀

② 加入纯净水，置于电磁炉上煮沸，冷却待用

③ 将泡软后的明胶放入水中加热溶化

4 加入蓝莓果酱拌匀

5 加入君度酒拌匀

6 将蓝莓果冻液倒入杯中至 1 cm 高度，置于冰箱冷藏凝固

7 将洗净的蓝莓倒入杯中约八分满

8 倒入冷却后的果冻液约八分满，置于冰箱冷藏

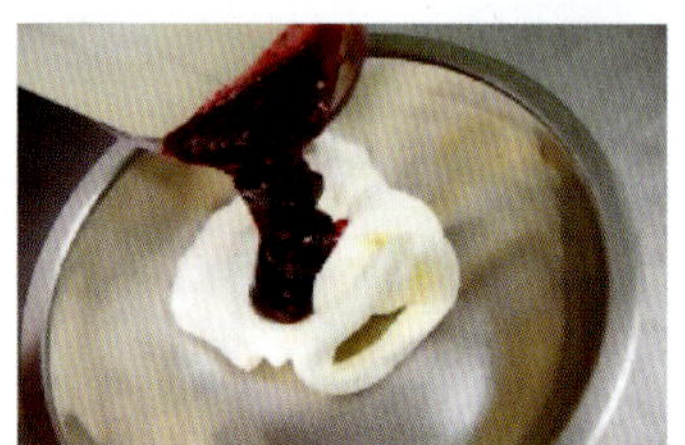

9 蓝莓果酱与打发好的奶油搅拌

10 装入裱花袋，挤满杯口

11 用迷迭香草与蓝莓装饰

3. 小贴士

（1）果冻粉必须跟糖混合后与水搅拌，不能单独搅拌，否则会出现颗粒物。

（2）果冻液必须冷藏至固体状方可进行下一步。

（3）溶化明胶的水温不宜超过 60℃，否则会影响明胶的凝固效果。

脐橙果冻

1. 原料配方

项目	原材料名称	烘焙百分比
A	果冻粉	3.00%
	白砂糖	10.00%
	纯净水	100.00%
B	纯净水	100.00%
	明胶	12.00%
	脐橙果酱	200.00%
	君度酒	5.00%
C	奶油	适量
	脐橙果酱	适量
D	新鲜脐橙	适量

2. 操作步骤

① 将果冻粉加入糖碗中拌匀

② 加入纯净水，置于电磁炉上煮沸，冷却待用

③ 将泡软后的明胶放入水中加热溶化

4 加入脐橙果酱拌匀

5 加入君度酒拌匀

6 将脐橙果冻液倒入杯中至1 cm 高度，置于冰箱冷藏凝固

7 将洗净的脐橙放入杯中约八分满

8 倒入冷却后的果冻液约八分满，置于冰箱冷藏

9 打发好的奶油与脐橙果酱拌匀后装入裱花袋，挤满杯口

10 用薄荷叶与草莓装饰

3. 小贴士

（1）果冻粉必须跟糖混合后与水搅拌，不能单独搅拌，否则会出现颗粒物。

（2）果冻液必须冷藏至固体状方可进行下一步。

（3）溶化明胶的水温不宜超过 60℃，否则会影响明胶的凝固效果。

水果果冻

1. 原料配方

项目	原材料名称	烘焙百分比
A	果冻粉	3.00%
	白砂糖	10.00%
	纯净水	100.00%
B	纯净水	100.00%
	明胶	12.00%
	覆盆子果酱	200.00%
	君度酒	5.00%
C	奶油	适量
	覆盆子果酱	适量
D	新鲜草莓	适量

2. 操作步骤

① 将果冻粉加入糖碗中拌匀

② 加入纯净水，置于电磁炉上煮沸，制成的果冻液冷却待用

③ 将泡软后的明胶放入水中加热溶化

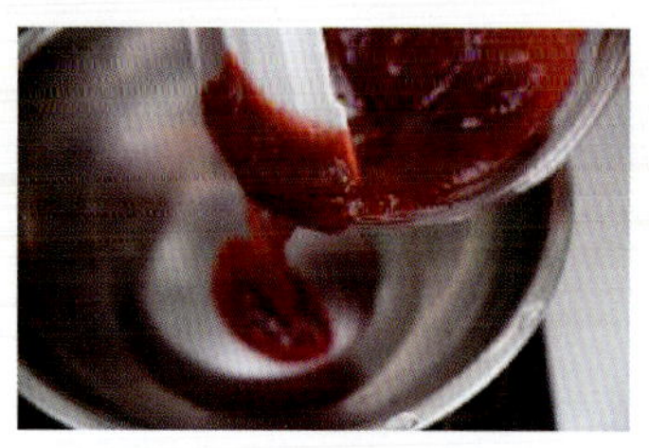

4 加入覆盆子果酱拌匀

5 加入君度酒拌匀，制成覆盆子果冻液冷却待用

6 将草莓放入杯中

7 果冻液倒入杯中约八分满冷藏凝固

8 倒入覆盆子果冻液约 1 cm 高冷藏凝固

9 打发好的奶油与覆盆子果酱拌匀后，装入裱花袋，挤满杯口

10 用草莓装饰

3. 小贴士

（1）果冻粉必须跟糖混合后与水搅拌，不能单独搅拌，否则会出现颗粒物。

（2）果冻液必须冷藏至固体状方可进行下一步。

（3）溶化明胶的水温不宜超过 60℃，否则会影响明胶的凝固效果。

附　录

产品中英文对照表

英文	中文	英文	中文
west pastry	西式面点	bake	烘焙
short pastry	混酥类	biscuit	混酥饼干
cookie	曲奇饼干	baguette	传统法棍
mousse	慕斯	puff	泡芙
crisp dough	清酥	bread	面包
soft roll	软质面包	sandwich	三明治
hard bread	硬质面包	scone	英式松饼
crispy bread	脆皮面包	Tiramisu	提拉米苏
crisp bread	酥性面包	Ciabatta	夏巴塔面包
cake	蛋糕	donuts	甜甜圈
whole egg cake	全蛋蛋糕	frozen milk	乳冻
egg cake	分蛋蛋糕	pudding	布丁
light fat cake	轻油脂蛋糕	pie	派，排
fat cake	重油脂蛋糕	tart	塔
borsch	罗松汤	jelly	果冻

原辅料中英文对照表

英文	中文	英文	中文
chocolate	巧克力	high gluten flour	高筋粉
marzipan	杏仁糖团	medium gluten flour	中筋粉
fondant	风登糖	low gluten flour	低筋粉

续表

英文	中文	英文	中文
royal icing	白帽糖	butter	天然黄油
white granulated sugar	白砂糖	margarin	人造奶油
honey	蜂蜜	shortening	起酥油
maltose	饴糖	vegetable oil	植物油
icing sugar	糖粉	lard	猪油
fresh yeast	鲜酵母	rapid active dry yeast	即发活性干酵母
active dry yeast	活性干酵母	liquid yeast	液体酵母

设备中英文对照表

英文	中文	英文	中文
convection oven	热风烤炉	pavilion	层式平炉
universal steamed oven	万能蒸烤箱	sheeting machine	起酥机
tunnel oven	隧道烤炉	slicer machine	切片机
household electric oven	家用电烤箱	rounder machine	面包搓圆机
embedded ovens	嵌入式烤箱	toaster	吐司整形机
gas stove	燃气灶	universal cookies pastry machine	万能曲奇糕点机
electric fryer	电炸锅	refrigerated refrigerator	冷藏冰箱
microwave oven	微波炉	freezer	冷冻冰箱
portable gas stove	卡式炉	display of air conditioner	展示冷柜
induction cooker	电磁炉	vertical cold box	立式冷箱
bread blender	面包面团搅拌机	table refrigerator	工作台冷柜
stand mixer	台式搅拌机	ice machine	制冰机
stirring and beating machine	多用途搅拌机	quick freezing cabinet	速冻柜
delayed fermentation machine	延时发酵机	fermentation room	即时发酵箱
oven fermentation box integrated machine	烤箱发酵箱一体机		

工器具中英文对照表

英文	中文	英文	中文
wooden desk	木质案台	marble desk	大理石案台
stainless steel desk	不锈钢案台	baking pan	烤盘
baguette pan	法棍烤盘	hamburg pan	汉堡烤盘
continuous baking pan	多连式烤盘	mobile cake mold	活动蛋糕模
cake mold	蛋糕模	textured cake mold	花色蛋糕模
pie pan	派盘	pizza pan	比萨盘
tart pan	塔模	toaster box	土司盒
one–piece's toaster box	连体土司盒	ring of mousse	慕斯圈
mould of mousse	慕斯模	mould of chocolate, plastic	亚克力巧克力模
mould of chocolate, silicone	硅胶巧克力模	mould of chocolate, metal	金属巧乐力模
cutter for pastry, round	圆形刻模	mould of doughnut	甜甜圈模
mould of pineapple bread	菠萝面包印	spatula knife	抹刀
knife for bread with serrated edge	锯刀	wheel scraper	滚刀
cake knife	分刀	electronic scale	电子秤
measuring glass	量杯	rolling pin with handles	通心槌
rolling pin with handles, metal	金属擀棍	rolling pin	长棍
dough scraper	刮板	whisk	打蛋器
spatula rubber	搅板	piping bag	裱花袋
piping tube	裱花嘴	sifter	粉筛
revolving table for decorating cakes	蛋糕转台	bowl	打蛋盆

专家榜

朱念琳

教授级高级工程师

国家食品安全委员会专家委员会委员

中国轻工业联合会兼职副会长

中国焙烤食品糖制品工业协会执行理事长

史见孟

面包、糕点烘焙工高级技师

国家标准化委员会焙烤技术委员会委员

上海市食品协会副会长

上海市现代食品职业技能培训中心理事长

张九魁

高级工程师

全国焙烤食品标准化技术委员会副主任委员

全国休闲食品标准化技术委员会副主任委员

中国焙烤食品糖制品工业协会理事长

俞学峰

高级经济师

享受国务院政府特殊津贴专家

全国五一劳动奖章获得者

安琪酵母股份有限公司党委书记、董事长

常明

正高级讲师

全国职业教育先进个人

北京一轻控股有限责任公司副总经理

北京轻工技师学院院长

黄海瑚

面包、糕点烘焙工高级技师

中国改革开放40周年焙烤食品糖制品产业先锋人物

上海市食品协会副会长

上海海融食品科技股份有限公司总经理

易明梅

面包、糕点烘焙工高级技师

中国改革开放40周年焙烤食品糖制品产业先锋人物

上海市食品协会副会长

上海金城制冷设备有限公司总经理

张帅

食品工程师

全国焙烤职业技能竞赛总裁判长

中国焙烤食品糖制品工业协会副理事长兼秘书长

姜晓敏
高级讲师
全国优秀教育工作者
全国教育科研先进工作者
上海市贸易学校校长

金四云
高级讲师
高级技师
上海市园丁奖获得者
上海食品科技学校校长

干文华
西式面点师高级技师
全国技术能手
享受国务院政府特殊津贴专家
干文华国家级技能大师工作室带头人
上海市现代食品职业技能培训中心校长

曹继桐
中国焙烤名师
全国焙烤职业技能竞赛裁判员
中国改革开放40周年焙烤食品糖制品产业先锋人物
北京吉诺高食品技术推广中心有限公司总经理

王吉松
教授
享受国务院政府特殊津贴专家
王森国家级技能大师工作室带头人
王森教育集团董事长

黎国雄
全国技术能手
世界技能大赛“糖艺/西点制作”项目中国专家组组长
全国焙烤职业技能竞赛裁判员
广州启焙食品有限公司总经理

叶卫
西式面点师高级技师
世界奥林匹克烹饪大赛中国队领队
国际烹饪艺术比赛评委
靡特（上海）餐饮管理有限公司总经理

赵吉军
西式面点师高级技师
陕西省赵吉军技能大师工作室带头人
陕西省烘焙协会常务副会长
陕西西安食品工程学校校长

赵志权
西式面点师高级技师
中国烹饪大师
广西赵志权技能大师工作室带头人
广西华南烹饪技工学校校长

张永亮
西式面点师高级技师
全国焙烤职业技能竞赛裁判员
国家职业技能鉴定考评员
上海市焙烤大师

季寅君

西式面点师高级技师
国家职业技能鉴定考评员
中国甜品锦标赛银奖获得者
上海宝格丽酒店行政饼房厨师长

张伟

英联马利中国市场总监兼技术服务总监

江伟

西式面点师高级技师
高级营养师
上海市首席技师
南顺面粉公司产品顾问经理

张志豪

全国焙烤职业技能竞赛裁判员
三能集团全球营销总监

李凌云

上海亿成食品有限公司副总经理

唐树松

全国饮食加工设备标准化委员会副主任
广州市赛思达机械设备有限公司董事长

陈珺

西式面点师高级技师
高级教师
上海工匠
上海市西点名师

周延河

西式面点师技师
中国烹饪名师
全国职业技能竞赛优秀指导教师
第45届世界技能大赛全国选拔赛“糖艺/西点制作”项目裁判员

何年英

西式面点师技师
西式面点师资深教师
上海市焙烤大师
上海市现代食品职业技能培训中心教师

宋伟泉

西式面点师高级技师
中国焙烤名师
全国焙烤职业技能竞赛裁判员
国家职业技能鉴定考评员

吴周成

西式面点师高级技师

全国技术能手

中国焙烤名师

全国焙烤职业技能竞赛金奖获得者

陈仙川

西式面点师高级技师

全国焙烤职业技能竞赛裁判员

上海良匠餐饮管理有限公司技术总监

上海市现代食品职业技能培训中心教师

杨玉凯

西式面点师高级技师

全国技术能手

全国焙烤职业技能竞赛金奖获得者

全国焙烤职业技能竞赛裁判员

沈华

全国焙烤食品标准化技术委员会委员

中国食品工业协会专家委员会委员

上海市焙烤大师

乐斯福管理（上海）有限公司高级技术经理

马国兴

全国焙烤技术能手

益海嘉里食品营销有限公司中央烘焙中心经理

杜军海

西式面点师技师

上海海融食品科技股份有限公司应用研发中心技术经理

郁慧

西式面点师高级技师

全国技术能手

全国焙烤职业技能竞赛金奖获得

全国焙烤职业技能竞赛裁判

俞嘉毅

面包、糕点烘焙工高级技师

全国糕点专业委员会秘书长

工业企业职业品牌经理

全国食品接触材料标准化技术委员会委员

缪祝群

高级经济师

国家职业技能鉴定命题专家

国家职业技能鉴定质量督导员

中国焙烤食品糖制品工业协会副秘书长

宋宜兵

全国焙烤职业技能竞赛裁判员

全国焙烤食品行业职业技能培训优秀教师

安琪酵母股份有限公司烘焙中心总经理

安琪酵母全球烘焙业务总监

支持单位

中国焙烤食品糖制品工业协会

上海市食品协会

上海市现代食品职业技能培训中心

上海海融食品科技股份有限公司

安琪酵母股份有限公司

上海金城制冷设备有限公司

英联马利食品（上海）有限公司

益海嘉里食品营销有限公司烘焙业务部

三能器具（无锡）有限公司

香港南顺集团

广州市赛思达机械设备有限公司

上海亿成食品有限公司

光明乳业股份有限公司原料奶酪营销中心

上海糖师师培训学校有限公司

兰特黎斯（上海）贸易有限公司

苏州仙妮贝尔食品有限公司